磁和磁场

MAGNETISM

英国 Brown Bear Books 著
戚 竞 译

電子工業出版社
Publishing House of Electronics Industry
北京 • BEIJING

Original Title: PHYSICS: MAGNETISM

Devised and produced by Brown Bear Books Ltd,
Unit 1/D, Leroy House, 436 Essex Road, London
N1 3QP, United Kingdom
Chinese Simplified Character rights arranged through Media Solutions Ltd Tokyo
Japan (info@mediasolutions.jp)

版权贸易合同登记号　图字：01-2022-5672

图书在版编目（CIP）数据

磁和磁场 / 英国 Brown Bear Books 著；戚竞译 . —北京：电子工业出版社，2023.1
（疯狂 STEM. 物理）
ISBN 978-7-121-35658-2

Ⅰ . ①磁…　Ⅱ . ①英…　②戚…　Ⅲ . ①磁学－青少年读物　②磁场－青少年读物　Ⅳ . ①O441-49

中国版本图书馆 CIP 数据核字（2022）第 208922 号

责任编辑：郭景瑶
文字编辑：刘　晓
印　　刷：北京利丰雅高长城印刷有限公司
装　　订：北京利丰雅高长城印刷有限公司
出版发行：电子工业出版社
　　　　　北京市海淀区万寿路 173 信箱　邮编：100036
开　　本：787×1092　1/16　印张：20　字数：608 千字
版　　次：2023 年 1 月第 1 版
印　　次：2023 年 1 月第 1 次印刷
定　　价：188.00 元（全 5 册）

凡所购买电子工业出版社图书有缺损问题，请向购买书店调换。若书店售缺，请与本社发行部联系，联系及邮购电话：（010）88254888，88258888。
质量投诉请发邮件至 zlts@phei.com.cn，盗版侵权举报请发邮件至 dbqq@phei.com.cn。
本书咨询联系方式：（010）88254210，influence@phei.com.cn，微信号：yingxianglibook。

“疯狂STEM”丛书简介

STEM是科学（Science）、技术（Technology）、工程（Engineering）、数学（Mathematics）四门学科英文首字母的缩写。STEM教育就是将科学、技术、工程和数学进行跨学科融合，让孩子们通过项目探究和动手实践，以富有创造性的方式进行学习。

本丛书立足STEM教育理念，从五个主要领域（物理、化学、生物、工程和技术、数学）出发，探索23个子领域，努力做到全方位、多学科的知识融会贯通，培养孩子们的科学素养，提升孩子们实际动手和解决问题的能力，将科学和理性融于生活。

从神秘的物质世界、奇妙的化学元素、不可思议的微观粒子、令人震撼的生命体到浩瀚的宇宙、唯美的数学、日新月异的技术……本丛书带领孩子们穿越人类认知的历史，沿着时间轴，用科学的眼光看待一切，了解我们赖以生存的世界是如何运转的。

本丛书精美的文字、易读的文风、丰富的信息图、珍贵的照片，让孩子们仿佛置身于浩瀚的科学图书馆。小到小学生，大到高中生，这套书会伴随孩子们成长。

目录

磁性材料

对早期人类来说，一种叫作“吸铁石”（lodestone）的磁性岩石（磁石）具有神奇的“魔力”——即使在漆黑一片的夜晚或者在狂风暴雨的天气里，它都能准确地指向北方，为人们指引方向。早期的探险家在海上航行时都会使用这种“魔力磁石”。

中国学者早在公元前2700年就发现了磁石。磁石中含有铁，并且能吸引其他金属。不同磁石之间可能会相互吸引，也可能会相互排斥。磁石的另一个神奇特性是，当它被支起来的时候，它可以自由转动，到最后静止下来时，它会大致指向南北方向。中国的航海家早在公元3世纪就知道使用这种磁石制作指南针来导航了。到公元12世纪，指南针才传到欧洲，并被欧洲航海家广泛使用。

这个便携式日晷中有一根磁针能指示南北，磁针使日晷能够南北对齐，从而指示出正确的时间。日晷也能兼作指南针。

制造指南针

天然磁石的数量是有限的，但是，人们可以用一块磁石制造许多用于指南针的磁针：只要用磁石在一根铁针上反复摩擦，铁针就会被磁化。

20世纪，法国物理学家皮埃尔-恩斯

磁畴

磁畴是磁性材料中的微小区域，它们就像微小的单块磁铁一样具有独立指向。施加外磁场可以使这些微小的磁畴有序排列起来，当所有磁畴都朝同一方向有序排列时，我们就称该磁性材料达到了磁饱和。

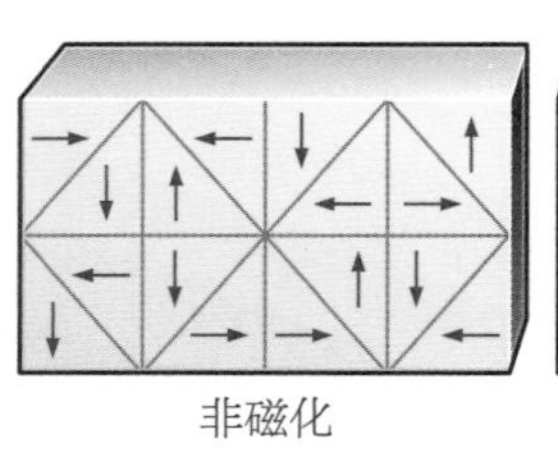

非磁化

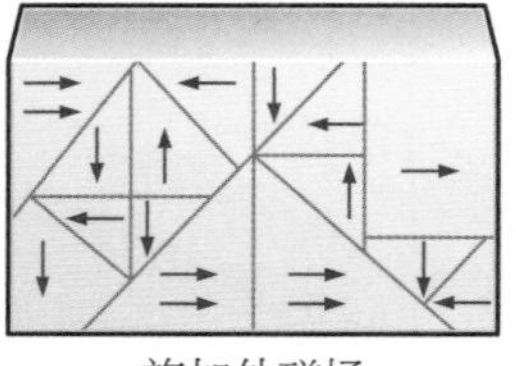

施加外磁场

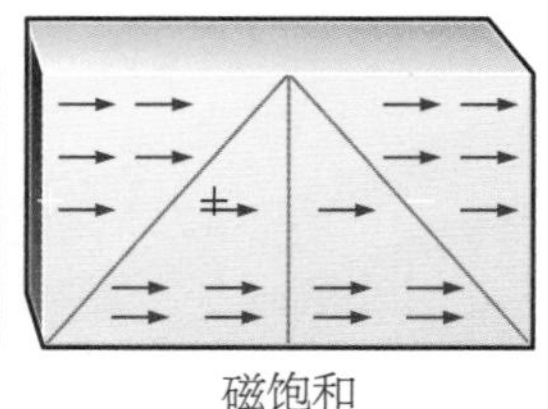

磁饱和

北

特·外斯（Pierre-Ernest Weiss，1865—1940）解释了这种磁化现象。他发现，金属中的铁元素和其他元素的原子就像一个个微小的磁铁一样，金属可以被划分为一个个被称为“磁畴”的区域。在这些区域中，所有原子整齐划一地平行排列，这些原子的磁性叠加在一起，使每个磁畴变成一块小磁铁，而不同磁畴内原子的磁化方向是不同的，所以从总体来看，金属并不像磁石那样具有外显磁性。而用磁石在一块金属上反复摩擦，就会使金属不同磁畴内原子的磁化方向发生改变。

最终，所有磁畴内原子的磁化方向都变得一致，这些原子的磁性叠加在一起，使得整块金属变成了一块强磁铁。当所有原子的磁化方向都平行时，金属的外显磁性就不再增强了，此时就被称为“磁饱和”。

科学词汇

原子：元素能保持其化学性质的最小单位。原子由一个致密的原子核和若干围绕在原子核周围的电子组成。

磁畴：磁性材料中单个原子磁场指向相同的微小区域，每个磁畴都可被视为一块单一的小磁铁。未磁化材料中不同磁畴的磁化方向不同，整体上相互抵消，对外不显磁性。

磁石（磁铁矿）：一种天然具有磁性的铁矿石，俗称“吸铁石”，旧时用于制造指南针。磁铁矿是仅有的两种天然磁性矿物之一，另一种是磁黄铁矿，但其磁性很弱。

小实验

磁力有多大?

磁铁的磁力各不相同，其大小通常取决于磁铁的大小。测量磁铁磁力大小的一种方法是看它能吸起多少物体。

实验步骤

使用强力胶带将一块条形磁铁安全地粘在桌子的边缘，并保证磁铁一端伸出桌边。然后在磁铁末端一个接一个地加上回形针，使其形成一串回形针。这块磁铁最多能吸起多少个回形针呢? 再用一块马蹄形磁铁重复这个实验，这次马蹄形磁铁又能吸起多少个回形针呢?

第一个回形针是由磁铁吸住的。因为回形针是用钢做的，钢是最常用的磁性材料，因此，回形针在与磁铁接触后也会变成磁铁。第二个回形针由第一个回形针的磁力吸住，同时自身也变成了磁铁，以此类推。一般来说，马蹄形磁铁的磁力比相同长度的条形磁铁的磁力更大。

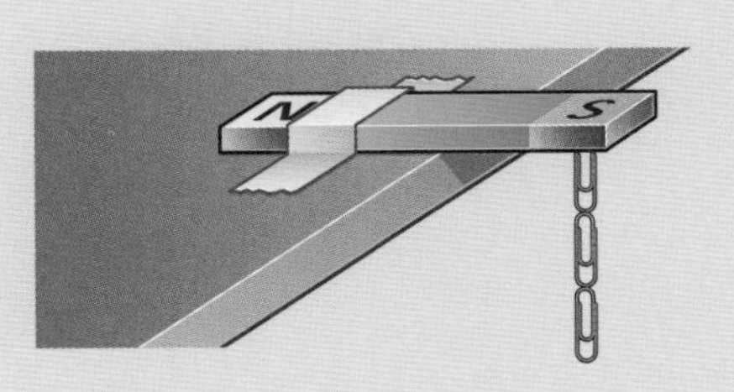

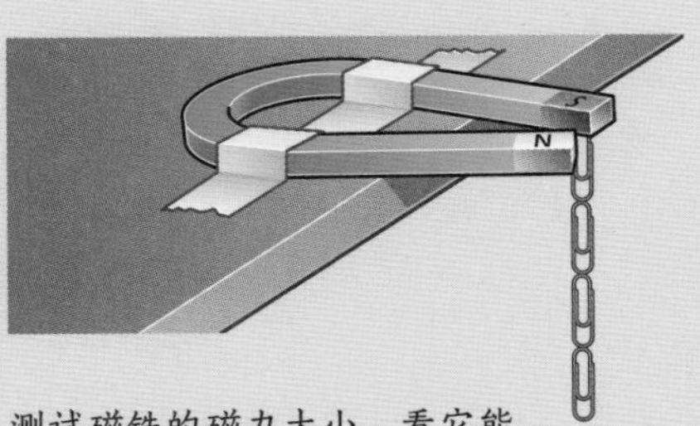

测试磁铁的磁力大小，看它能吸起多少个回形针。

磁极与磁场

在磁体周围空间存在磁力作用的一种特殊的场，就被称为“磁场”。一个磁体如何受到另一个磁体的磁力作用既取决于另一个磁体的磁场，也取决于该磁体本身的性质。

磁石和其他磁体会把小金属物体吸到自己身上来，这些小金属物体围绕磁体的排列方式揭示了磁体的重要特性。利用铁屑（锉磨或加工铁块时产生的微小金属颗粒）可以清楚地显示出这一特性：铁屑喜欢聚集在条形磁铁的两端，而不是中间；如果是马蹄形磁铁，则铁屑会聚集在马蹄形磁铁两条腿的两端，而不是中间。任何磁体都有两个“吸引末端”，被称为“磁极”，磁极是磁体上磁性最强的部分。磁体的一个极朝向北（N），另一个极朝向南（S），这就是指南针会一直摆动直到指向南北的原因。寻北的磁极被称为磁铁的“北极”（或N极）；寻南的磁极被称为磁铁的“南极”（或S极）。

异极相吸

当磁体的两个N极彼此靠近时，它们之间会互相排斥。两个N极靠得越近，斥力就越大。两个S极彼此靠近时，也会发生同样的情况。但是，当N极和S极靠近时，两极之间会互相吸引，并且两极靠得越近，这种吸引力就越强。

磁体的这种磁场可以用一个小指南针“画”出来。如果把指南针靠近一个磁体，

单极或双极

下图所示的磁场均是由一个或两个磁极产生的，磁极总是成对出现的，但如果磁极之间分隔得非常远，则可以被视为磁单极。

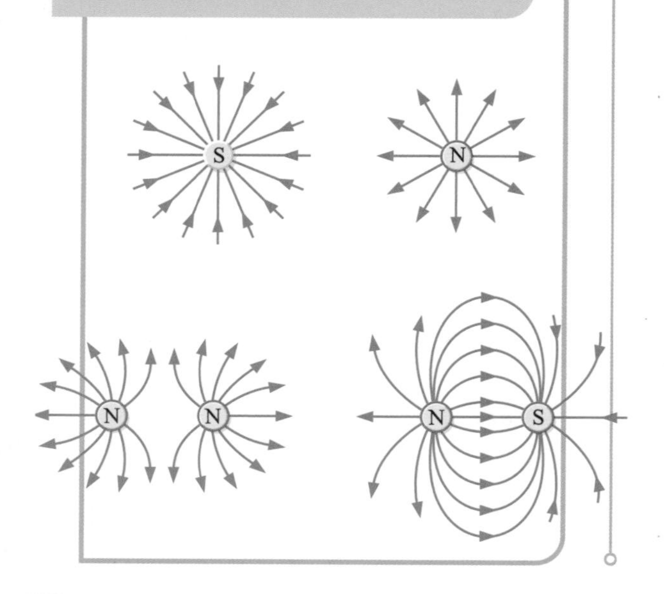

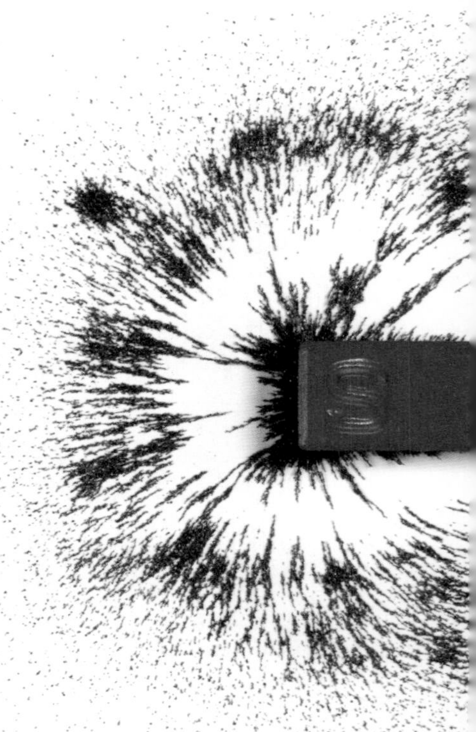

散落在条形磁铁两极周围的铁屑揭示了条形磁铁周围的磁场分布。每个铁屑都会沿着该点磁场的方向发生微小移动，这些铁屑的集合描绘出了磁铁的磁场分布情况。

描绘磁场

指南针指针头部和尾部连续位置的点迹可以描绘出磁场的磁力线。

弱磁场

用来描线的指南针

强磁场

那么指南针会指向或远离磁体上最近的磁极。如果靠得最近的是S极，那么指南针的指针头部（红色N极）会指向磁体的S极。如果把指南针慢慢靠近磁体的另一极，磁体N极的作用力便会逐渐增强，指南针的指针尾部（白色S极）就会逐渐转向，直到最终

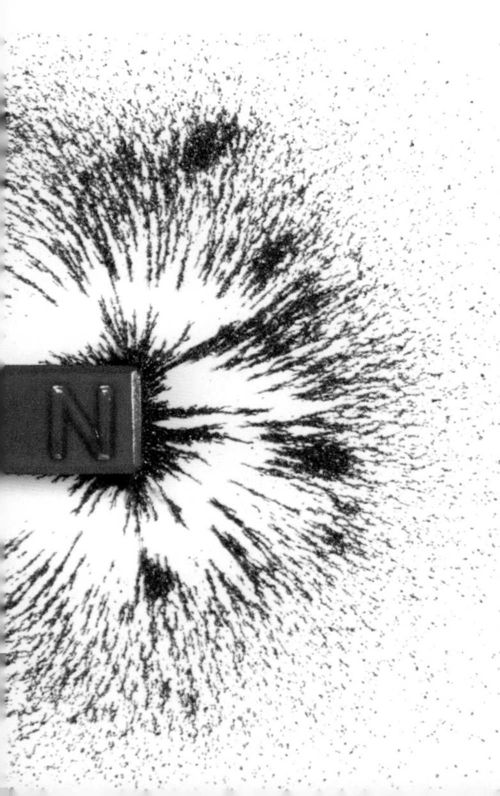

磁铁间的力

两个横着悬挂起来的条形磁铁会相互排斥或者相互吸引——这取决于最靠近的两个磁极是同极（两个N极或两个S极）的还是异极（一个N极和一个S极）的。

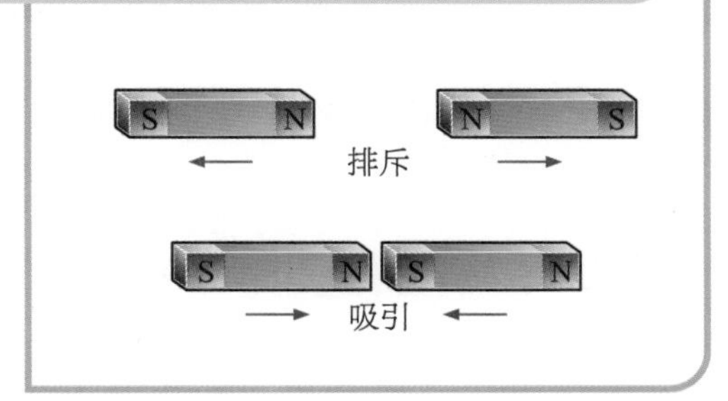

指向磁体N极。

为了“画”出磁体的磁场，我们需要把磁体放在一张纸上，把指南针放在纸上的任意位置，在指南针指针头部所在位置用铅笔画上记号。移动指南针，直到指南针指针尾部刚好在记号上，用铅笔标记此时指针头部的新位置，然后再次移动指南针，并重复以上操作。

当重复次数足够多时，你就会发现，在纸上画出的是一系列可以平滑连接起来的点，它们组成一条平滑曲线。这条平滑曲线上任意一点的切线方向就是这一点上指南针指针的指向，也就是在这一点上任何磁性物体所受到的磁力的方向。这条曲线被称为“磁力线”或“磁感线”。能够受到磁力作用的区域即为磁场，而磁力线表明了磁场的南北方向。

描绘磁场

借助铁屑，磁场可以以一种独特的方式显现出来。如果把一张纸放在磁体上，

小实验

磁场

磁场是看不见的，但可以显现出来。这个实验展示了如何揭示磁场的存在并显现磁场的形状。

实验步骤

在杯子里放一些铁屑，然后把铁屑稀疏地撒在一张纸上。小心地将纸（连带铁屑）插入一个透明文件袋（或其他透明袋）中，并将袋子的开口封上（这样可以防止铁屑洒出来或被吸到磁体上）。把磁体放在桌子上，并把装了铁屑和信纸的袋子放在磁体上。铁屑将随着磁体的磁场方向排列成规则的图形。你可以用另一种形状的磁体重复这一过程并观察图形的变化；还可以用同样的方法找出两个磁体之间磁场的形状。铁屑会沿着磁力线排列，而磁体两极附近的磁场最强，这就是铁屑会集中在两极附近的原因。如果用两个磁铁的话，你就会看到两个磁体之间的磁场是如何合并的。

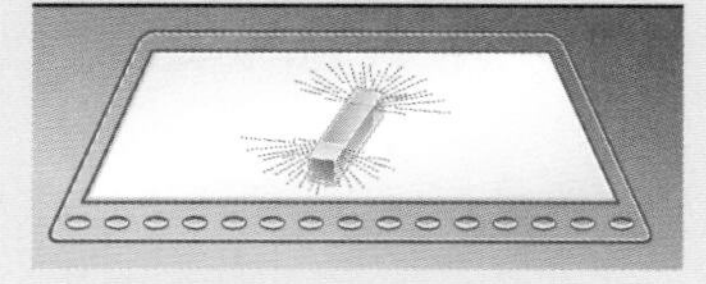

透明文件袋内的铁屑会显现出磁场的形状。

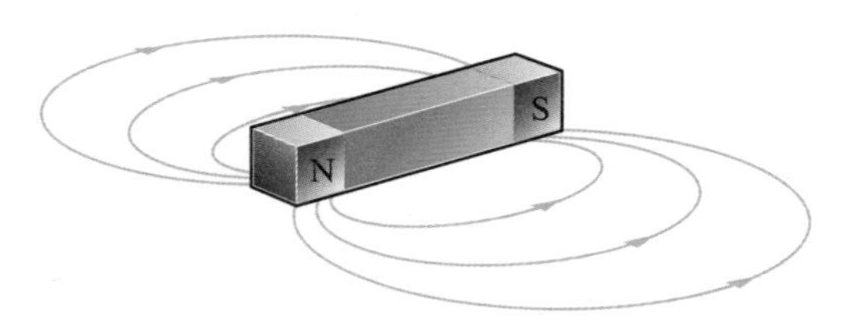

磁力线（或磁感线）是显示从磁体N极发出的磁力的假想线。磁力线上每一点的切线方向表示该点磁力的方向。

在纸上撒上铁屑并不断晃动铁屑，那么大部分铁屑就会聚集在磁体两极，其他铁屑则会散落在磁体周围的其他区域并排列成曲线。这些曲线由每个单独的铁屑沿特定方向排列而成，并从磁体的一极延伸到另一极。每个铁屑就像一个微小的指南针指向特定的方向，而这些铁屑聚集在一起便描绘出了磁场的形状，甚至还指示出了磁力的大小——铁屑聚集最密的两极附近就是磁场最强的位置。

磁场中某一点的磁力方向被定义为该点上另一个磁体的北极所受到的力的方向。根据这个定义，磁力线在磁体的外部空间从磁体的北极（N极）指向磁体的南极（S极），而进入磁体的南极后，磁力线在磁体内部穿过磁体返回北极，由此构成一条完整的回路。每一条磁力线都是一条闭合回路，并且彼此之间互不相交。

两极分开

每个磁体都有两个相反的磁极，到目前为止，人们普遍认为不存在孤立的磁极——磁单极（一些科学家仍在坚持不懈地寻找亚原子磁单极的踪迹，但大多数科学家倾向于认为这种磁单极永远无法被找到）。“磁极总是成对出现的”其实给人们研究磁场的作用规律带来了诸多困难，因为另一个磁极的影响不可忽略。但对于一块两极离得很远的、很长的条形磁铁来说，当把另一极的影响近乎忽略时，我们便可以很好地研究目标磁极自身的性质及磁极相互之间的磁效应。

磁体某个磁极所产生磁场的强度可以通过测量放置于该磁极附近空间的另一个磁极所受到的磁力大小来确定。当两磁极间的距离增加为两倍时，磁场强度下降为原先的1/4；当距离增加为3倍时，磁场强度下降为1/9；而当距离增加为4倍时，磁场强度下降为1/16，以此类推。也就是说，磁场强度与距离的平方成反比。许多物理量的强度与距离的平方成反比，如引力场和电场的强度，以及光的亮度。

空间中给定点的磁场强度不仅与该点到磁体的距离有关，还与磁体本身磁性的强弱有关。一块铁可以被或多或少地磁化。“磁性”（magnetic）指一种材料可以被制成磁体，而“磁化”（magnetized）一词用来描述一种磁性材料，实际上就是磁体。磁性材料包括铁、钴、镍和钢等合金。科学家还发明了被称为“铁氧体”的非金属材料（其实是一种陶瓷材料），这种材料可以被制成强力磁铁。

科学词汇

条形磁铁： 长条形的永磁铁，其两端各有一个磁极。

场： 作用在物体周围的磁、电、引力或其他相互作用的表现形式。参见力线。

力线： 场中的一些假想线，这些线上任意一点的切线即为该点上场的方向。

磁极： 磁体上磁场最强的两个点之一。力线从一个磁极发射（辐射）出去并在另一个磁极汇合（汇聚）。

两极间的力

两个北极互相排斥，两个南极也会互相排斥，而北极和南极之间相互吸引。两个磁极之间的作用力大小与两磁极的磁场强度 M_1 和 M_2 成正比，与两磁极间距离的平方 d^2 成反比。

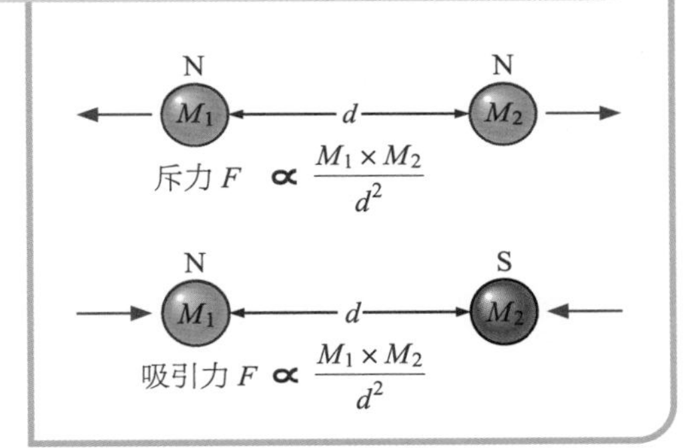

磁体间的磁场

当两块条形磁铁相互靠近时，它们之间磁力线的形状会随着不同极性的磁极而改变。

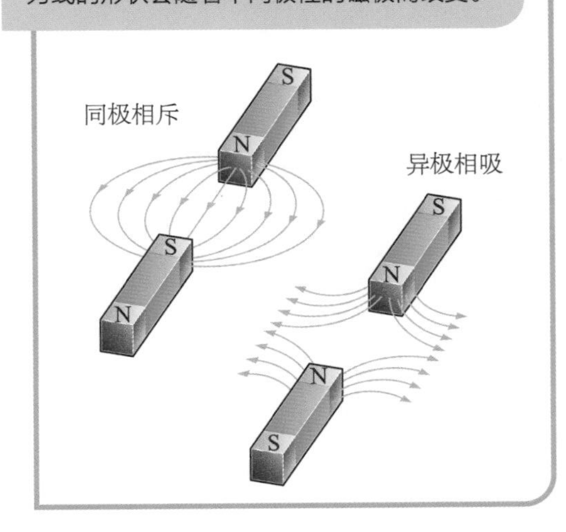

地磁场

地球是一块巨大的磁铁。地核的缓慢转动产生了地磁场，地磁场不仅影响指南针，还一直延伸到遥远的外太空。地球形成以来，地磁场就随着时间缓慢变化，这种地磁变化“刻印”在岩石中，揭示了数十亿年之久的地质变化史。

科学词汇

磁罗经：用地磁敏感元件指示地球磁场水平分量方向的仪表。

磁赤道：假想中大约位在地球两磁极中间平分位置的、围绕地球的圆，其上的地磁场是水平方向的。

北磁极：也称“磁北极”，指地磁轴的北极方向与地面的交点。

南磁极：也称“磁南极”，指地磁轴的南极方向与地面的交点。

地磁场就像一块位于地球深处的巨大的条形磁铁，并且非常接近地球的自转轴。这块巨大条形磁铁的两个磁极位于地球表面的两个相对的极点，靠近地理南北极，地磁极点的磁力线是垂直于地面的，即磁倾角为90°。地球表面的两个极点被分别称为地球的南北磁极。磁赤道是介于两个地磁极之间、环绕地球的中分线，其磁力线是水平的，即磁倾角为0°。需要注意的是，北磁极实际上是物理上的磁场南极，而南磁极实际上是物理上的磁场北极。出现这种状况的原因是人们在发现磁极异性相吸、同性相斥的规律之前就定义了北磁极和南磁极这两个名词。

因为磁罗经指向地磁极，所以它一般不会指向真正的地理南极或北极。地理北极

在极地地区的天空中经常可以看到五彩缤纷、变幻莫测的极光。极光主要是由来自太阳的高能带电粒子在地磁场的作用下偏转，从太空向地磁两极高速俯冲而产生的。

地球是个大磁铁

地球磁场的磁力线可以用小磁铁显现出来。地磁场的形状与条形磁铁磁场的形状大致相同。北磁极距离地理北极约1300千米，而南磁极距离地理南极的距离大约是前者距离的两倍（约2600千米）。

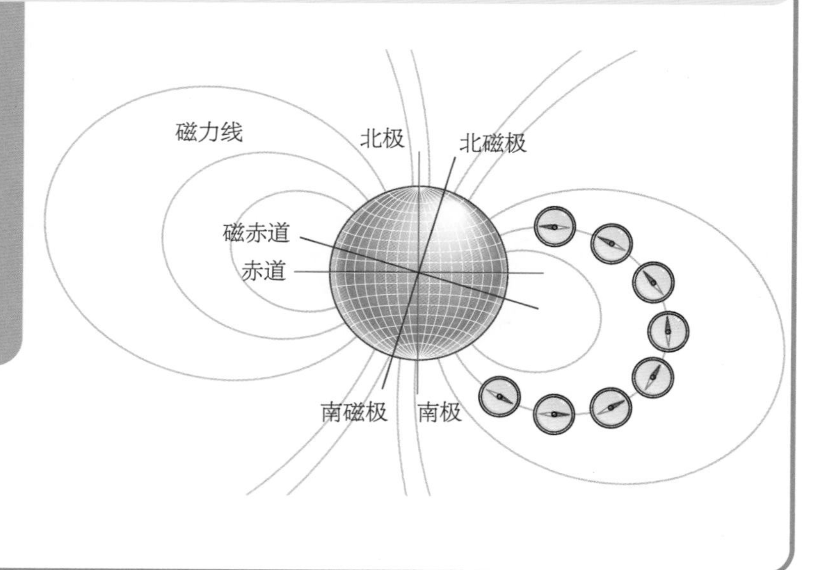

磁倾角

磁针向下倾是因为它倾向于指向地球深处那个假想的条形磁体最近的磁极。

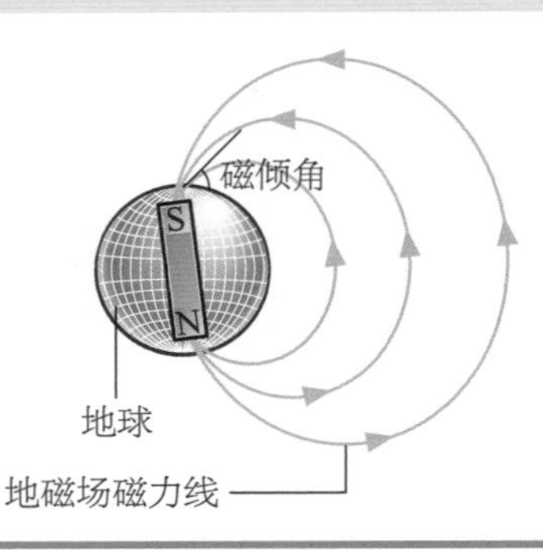

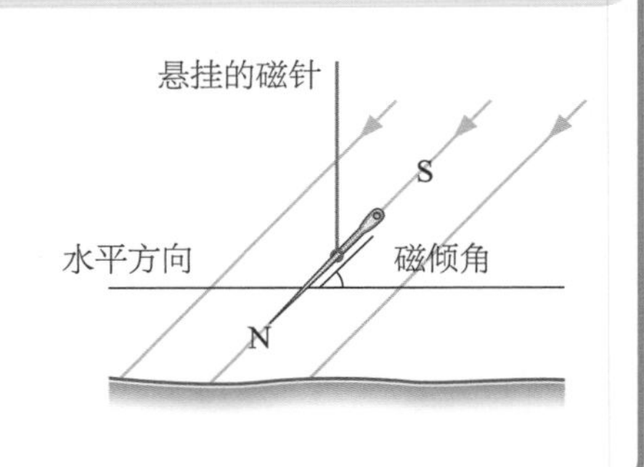

与北磁极之间的夹角被称为“磁偏角”。一些地图上会标记北磁极的方向。磁偏角的大小随着时间而变化，因为北磁极和南磁极的位置随着时间在不停移动：它们每年大约移动 20 千米。

导航的动物

许多种类的动物在一定程度上依赖地球的磁场来辨别方向。有些鸟在夏初和冬初时节飞越整个大陆进行长途迁徙，它们的方向感主要来自太阳和星星的位置，但当天空多云时，它们就无法依靠太阳和星星了，这时它们会依靠对地球磁场的感知来辨别方向。能够感知地球磁场的水生生物包括一些细菌、鲸、海豚、鲨鱼和海龟。

磁层

地球的磁场一直延伸到外太空。从太阳上层大气不断向外喷射出的高能带电粒子被称为“太阳风”，它们被地球的磁场捕获并形成两个厚厚的带电粒子带，被称为“范艾伦带”（或“范艾伦辐射带”）。地球磁层是指地球周围的、地磁场比太阳磁场更强的宇宙空间。太阳风挤压着地球磁层，使其在向阳面向宇宙空间延伸至 6.4 万千米远，而在背阳面则延伸成一条超过 100 万千米长的尾巴。其他一些行星（特别是木星）也有磁场和磁层。太阳的磁场非常强大，其辐射的宇宙空间被称为“日球层”（heliosphere），该区域一直延伸到遥远的矮行星冥王星之外。

科学词汇

磁层：地球或其他天体（如木星）周围以该天体的磁场为主的区域。

太阳风：从太阳上层大气喷射出的高速带电粒子流。

躁动的地球

虽然磁石（吸铁石）是唯一具有强磁性的岩石，但许多其他类型的岩石在形成之初也具有弱磁性。它们内部的磁场方向与它们形成之时地球的磁场方向相同，但在形成之后，它们一直在移动。

通过耐心细致的研究，科学家可以重建岩石自形成以来的移动路径。这些研究表明，1.8亿年前一个叫作“泛大陆”的超级大陆分裂以来，大陆板块一直在地球表面漂移，而地球内部熔融的外地核中的电流产生了地磁场。

除磁场方向的缓慢变化导致地磁极漂移外，大约每隔几十万年，地磁场就会衰减为零，然后再次增强，并指向完全相反的方向。这些地磁场逆转的历史就记录在岩石的磁性中。

就像地球上的北极光和南极光一样，木星的两极也吸引着来自太阳的高能带电粒子。图中所示就是木星北极的极光，由美国航空航天局（NASA）的哈勃太空望远镜拍摄。

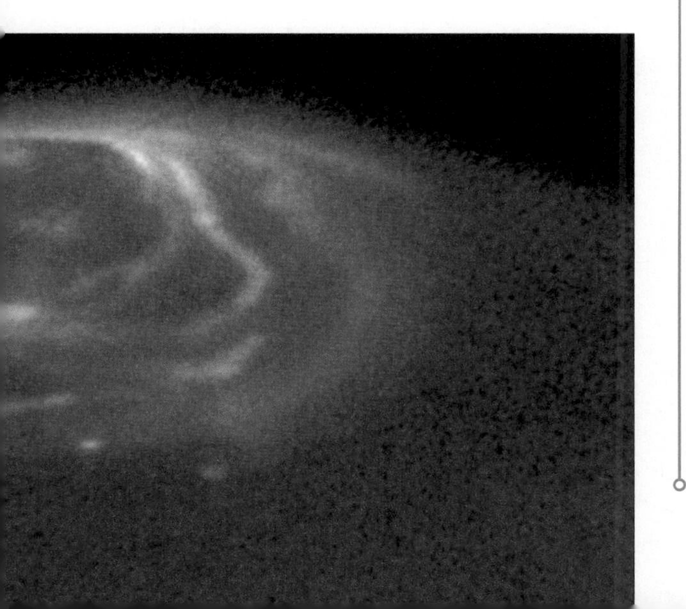

小实验

做个指南针

指南针由一根可以自由转动并指向任意方向的磁化针构成。在地磁场中，磁化针的一端总是指向北方。通过下面这个实验，我们就可以制作一个简单的浮动指南针。

实验步骤

在一个浅碗里装满3/4的水。把一根缝衣针粘在一块软木片或泡沫塑料上。用一块磁铁的一端沿着针长度方向在针头上敲打20～30次，并且始终朝着同一个方向敲打。然后让这根缝衣针浮在水面中央，过一会儿缝衣针就会静止下来，它静止时的指向大约就是南北方向，就像指南针一样。

磁化的缝衣针会沿着地磁场的方向排列，因为地磁场方向是南北方向的，因此缝衣针也指向南北方向。你可以在缝衣针的附近放一块小磁铁来改变缝衣针的指向，此时，缝衣针将与小磁铁的较强磁场排列成直线，而不是与较弱的地磁场排列成直线。

静止后的缝衣针指向南北方向。

探测磁场

指南针是最早利用地磁场工作的科学工具。地球南北两极间的地轴上好像有一块巨大的条形磁铁在向外辐射磁场。

指南针的指针本身就是一块小磁铁，在中心支点上可以自由转动。当它停止转动并指向北方时，它就指示了地磁场的方向。

指南针并不是唯一使用磁铁的科学工具。正切电流计通过使用一块可转动的小磁铁来检测通过线圈的电流的大小。与之原理相似的是磁强计（或称“高斯计”），顾名思义，它是一种测量磁场强度的仪器。磁强计也含有一块可转动的小磁铁，小磁铁与一根非磁性长指针连接成直角。在地磁场作用下，小磁铁转动至与地磁场对齐，此时，长指针指向零（左侧示意图 a）。当另一个磁场（如条形磁铁的磁场）靠近时，小磁铁的一端会被它吸引（因为异极相吸），从而带动长指针转动（左侧示意图 b）。长指针在表盘上所指示的角度就是外磁场强度的量度，外磁场强度的大小与长指针指示角度的正切值成正比。

我们知道，磁铁的异极相吸，而同极相斥。这一原理在磁悬浮列车上得到了很好的利用。磁悬浮（maglev）是“磁力悬浮”（magnetic levitation）的简称，列车内的同极性电磁铁阵列可以使列车悬浮在极性相反的轨道之上。电磁铁的这种电磁效应也广泛应用于各种装置中，如电铃、继电器、扬声器、发电机和电动机。

磁强计

磁强计由一块可转动的小磁铁组成，小磁铁与一根非磁性长指针成直角连接，长指针指示出地磁场的方向（a）和附近磁铁磁场的方向（b）。

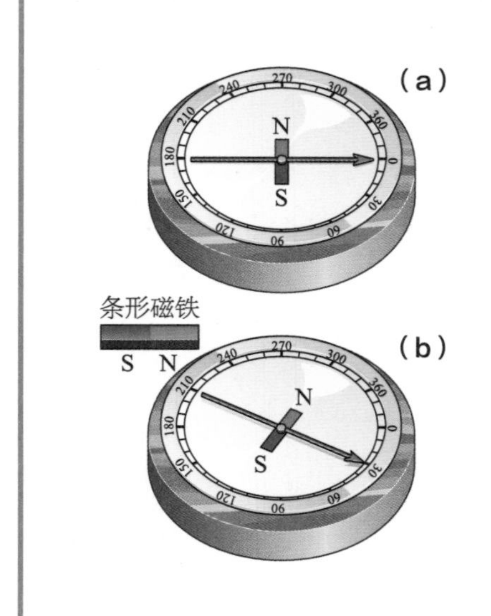

金属探测器的工作原理是金属物体引起金属探测器自身磁场的变化并使金属探测器做出反应，由此人们就可以探测并挖掘出深埋在地下的金属物体。

金属探测器

附近金属物体的存在可以改变磁场，这就是金属探测器的工作原理。你可能在机场或商店见过这种金属探测器，它们通常是一个高大的拱门，电流通过拱门两侧的大电磁线圈从而产生磁场。任何携带金属物品（如枪支弹药）穿过拱门的人都会干扰拱门产生的磁场，拱门磁场的变化会立刻触发警报。身上的钥匙或者金属表带通常也会触发警报，因此人们在通过探测器之前要把这些东西取下。

寻宝人

人们搜寻被埋物体时使用的是一种不同类型的金属探测器。它由通电的线圈（通常是毫安量级的）组成，线圈被安装在长手柄末端的圆盘上，手柄中的电池为线圈提供电力。通电线圈产生的磁场会被地下的金属物体扭曲，手柄上的芯片可以检测到磁场畸变引起的电流的微小变化，并使探测器发出警报声，也有些更专业的金属探测器通过头戴式耳机发出警报。

磁强计与矿产勘探

超灵敏磁强计一般用于地下矿产勘探。当需要对一块覆盖范围很大的区域进行快速探测时，这种超灵敏磁强计就会被安装在一个形似鱼雷的盒子中，由轻型飞机或直升机吊着飞过该区域。在飞行过程中，超灵敏磁强计会探测出任何由矿产引起的地磁场的扭曲，一般来说，埋得浅的矿产比埋得深的矿产对磁强计有更大的影响，这些数据经电缆传输到飞机上的机载计算机并进行分析。

科学词汇

磁悬浮：“磁力悬浮”（magnetic levitation）的简称，是一种通过相互排斥的磁场使列车等车辆悬浮在轨道上运行的技术，可以大幅度减小摩擦。

制造磁铁

在过去数百年的时间里，磁石一直是很珍贵的物品，探险家依靠它们来导航。后来，科学家学会了如何用铁来制造磁铁。如今，我们有更加有效的方法来制造许多设备中都在使用的强力磁铁。

大约在远古时代，人们第一次发现反复锤打一根沿着南北方向放置的铁棒会使铁棒磁化；如果把铁棒烧得通红，然后在其冷却的过程中捶打，铁棒的磁化强度就会提高。另外，用磁铁敲打一块铁块也会使铁块磁化。过去，水手们在航行时常常会带上一块磁石，这样他们就可以随时重新磁化他们的指南针或者在必要的时候磁化新的指南针。锤打一根铁棒使其变成磁铁，它就可以很好地替代磁石（参见下文）。

上述这些方法可以磁化金属，是因为未被磁化的铁其实是由无数个极其微小的磁畴组成的。因为这些微小磁畴各自的磁化方向不同，最终磁性相互抵消，所以金属整体对外不显磁性。为了将金属变成磁铁，所有这些磁畴内的原子的磁化方向都必须保持一致。

如何制作磁铁

方法一：用另一块磁铁

用条形磁铁反复摩擦一根铁棒就可以使铁棒磁化。用条形磁铁摩擦铁块会将铁块各个磁畴中的原子拉向同一方向，从而使铁块磁化。

方法二：反复捶打

反复锤打铁棒可以使铁棒逐渐磁化。刚开始捶打时，铁棒中的磁畴被打乱。之后在地磁场的牵引下，随着每一次捶打，磁畴中的原子逐渐转向。最终所有磁畴中的原子与地磁场平行排列，从而使铁棒成为一个磁铁。

方法三：用电磁线圈

通电线圈产生的磁场也能使铁棒磁化。在电流断开后，铁棒中所有磁畴内的原子仍然朝同一方向有序排列，但一般来讲，这种磁性比较弱。

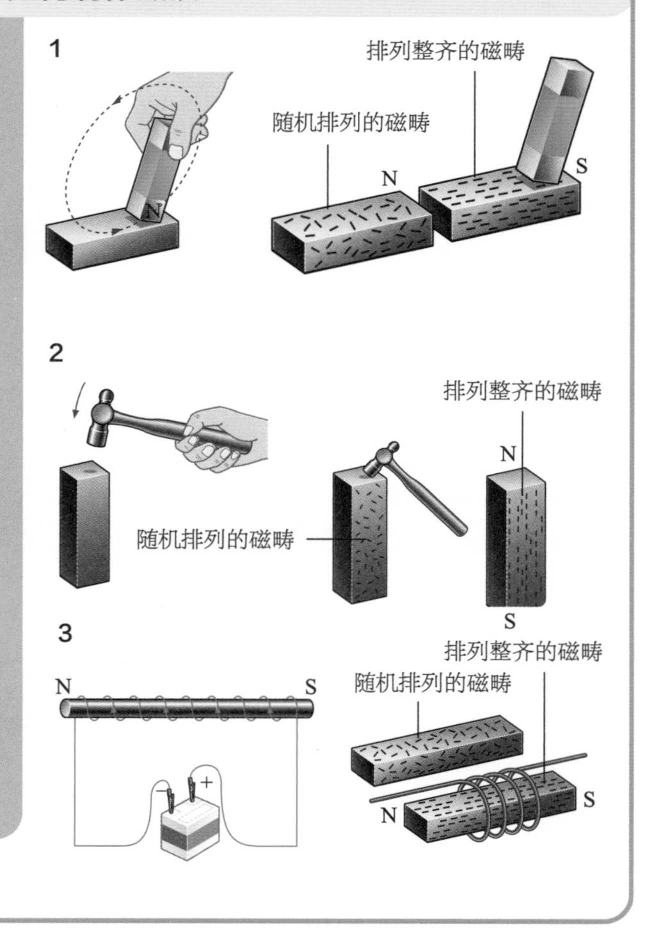

利用一个强磁场就可以做到这一点，而通电的电磁线圈可以产生这样的强磁场。用另一块磁铁来反复摩擦金属，磁铁自身的磁场也能使金属磁化。假设该磁铁的北极与被摩擦金属接触，磁铁会把金属内部微小原子磁极的南极吸引过来（异极相吸），而在反复摩擦后，被摩擦的那一端就会成为金属磁化后的新南极。

晃动原子

如果金属中的原子不断受到锤打或加热的扰动，地磁场便有足够的强度使原子磁化方向对齐从而使金属磁化。加热会使金属中的原子振动得更剧烈——反过来，原子振动得越剧烈，也意味着金属的温度越高。加热或反复锤打一块磁铁时，磁铁中的原子被强烈晃动，从而再次随机排列，这时磁铁就会失去磁性。

物体在磁铁附近放置很长一段时间也会被磁化。音响设备的扬声器里装有磁性很强的永磁体，像螺丝这样的小金属物体如果在扬声器附近放置较长一段时间，就会被磁化。20世纪70年代早期到90年代，声音是被记录在塑料磁带上的磁性金属涂层中的。如果这些磁带被放在扬声器旁边一段时间，它们就会被扬声器的磁场改变磁化方向，从而产生不可逆的损坏。杂散磁场也会影响其他类型的磁性存储设备，但USB驱动器和记忆棒（俗称“U盘”）不是由磁性材料制成的，所以不会因磁场而受到损坏，像U盘这样的存储介质被称为“固态存储器”。

小实验

跳动的铁屑

一块铁或钢一旦被磁化，就可以保持磁化的状态而成为永磁体，这就意味着它的磁性不能随意地“开”或“关”。相反，电磁铁的磁性可以随意地“开”或“关”。在这个实验中，我们将使用电磁铁来使铁屑上下跳动。

实验步骤

用钉子在一张边长约15厘米的正方形瓦楞纸板的中心戳一个孔。在钉子上缠绕一段金属导线，并在其上下两端各留出约30厘米长的导线。将导线的一端连带钉子穿过瓦楞纸板中心的孔，然后将其放在一盘胶带上，使瓦楞纸板水平、钉子竖直（见下图）。在钉子的周围均匀地撒上一层薄薄的铁屑，然后将导线两端连接到一节干电池的两极上，观察铁屑的变化。你会看到，铁屑在钉子周围形成放射状的星形图案，此时的钉子就是一个电磁铁。注意不要让钉子与导线长时间通电，因为钉子和导线会迅速变热。当断开导线连接时，铁屑不再被电磁铁吸引，抖动瓦楞纸板时铁屑便会晃来晃去。一旦钉子和导线重新通电，铁屑就会立刻跳动并形成原先的星形图案。

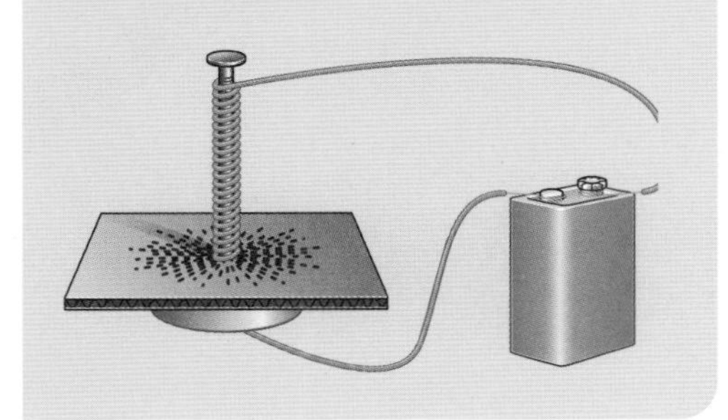

磁铁的使用

磁铁的应用通常与电的应用密不可分，磁铁被广泛应用于诸如收音机、扬声器、微波炉、硬盘驱动器、磁带和永磁电动机这样的电器中。在现代工业中，磁铁也有着异常重要的应用，而在现代医学中，磁铁是揭示人体生命活动的重要工具。

磁铁在现代生活中必不可少，其最重要的应用便是在计算机领域。尽管现在固态硬盘（SSD，或称“固态驱动器”）正越来越普及，但大多数个人计算机中仍配备有硬盘驱动器（HDD）。计算机硬盘驱动器中的磁盘上涂有磁性材料，一个可移动的读写磁头将计算机的数据存储在这层磁性材料层中，读写磁头向磁盘施加一个微小磁场，在磁盘上形成一个微小的被磁化区域，这一微

磁存储

大多数个人计算机中配备的磁性存储器是硬盘驱动器。硬盘驱动器中有一片或多片磁盘。直到20世纪90年代末期，大多数个人计算机还在使用单一的软盘驱动器（FDD）。软盘驱动器现如今已经被非磁性的USB闪存盘（U盘）、CD和DVD光盘驱动器所取代。

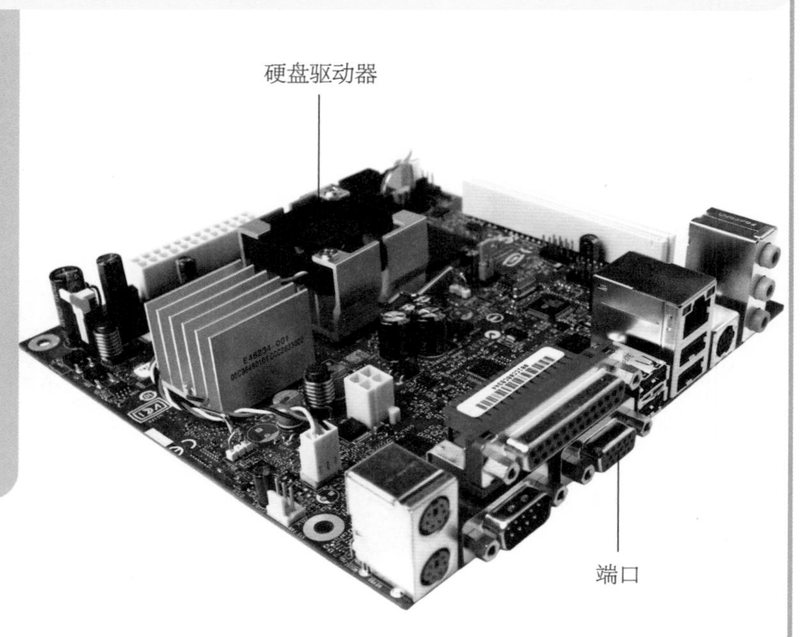

计算机的硬盘驱动器中有两片或更多片涂有磁性材料的金属盘（磁盘）。当磁盘高速旋转时，读写磁头会在每个磁盘上左右摆动，读取或写入数据。

小的被磁化区域就相当于一个比特（bit）。每个比特可以是0或1，它是计算机领域与数字通信有关的最基本信息单位。除了写入数据，读写磁头还可以通过探测其正下方磁性材料层的磁化方向来读取存储在磁盘上的数据。

过去，一些大型计算机使用磁带来存储数据，这些大型计算机一般用于存储大型公司、大学或军方所需的大量信息。磁带其实是一种涂有磁性材料的塑料薄膜，这种磁性存储原理也被用于存储声音和图片信息的录音带和录像带。通过施加强度变化的磁场，磁信号被记录在磁盘或磁带上，而强度变化的磁场是由读写磁头上电磁铁中强度变化的电流所产生的。

反过来，当要读取磁盘或磁带上的信息时，磁盘或磁带快速扫过读写磁头，磁盘

小实验

吸引力有多大?

磁铁会吸引一些物体，但不会吸引另一些物体。在这个实验中，我们用不同的物体来测试哪些物体最容易被磁铁吸引。

实验步骤

收集以下不同物体来进行测试：别针、各种硬币、橡皮、铝箔、蜡笔和图钉。用磁铁依次碰触每个测试物，并记下能被磁铁吸引的物体。你可以把能被磁铁吸引的物体放在一边，把不能被磁铁吸引的物体放在另一边。看看这些能被磁铁吸引的物体有什么共同之处?

仔细观察那些能被磁铁吸引的物体，你会发现它们都是由铁制成的。而由其他金属制成的物体，如铜币、镍币和铝箔，则不会被磁铁吸引（译者注：纯镍币能够被磁铁吸引，而一般发行的镍币中镍含量较低，因此不能被吸引）。所以只有铁制的物体能被磁铁吸引，这些物体本身可以被磁铁磁化。注意，非金属物体不能被磁铁吸引。

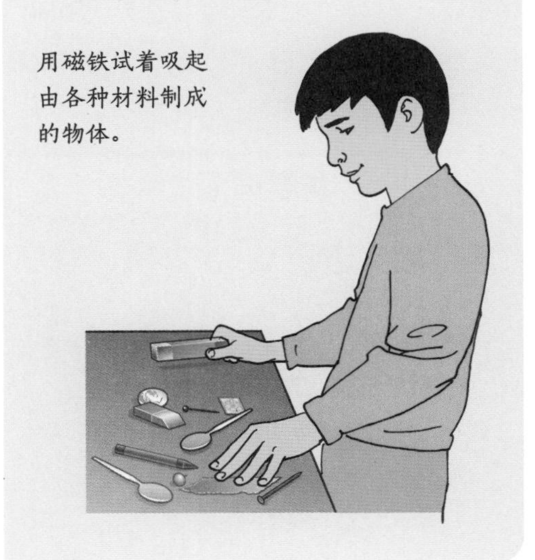

用磁铁试着吸起由各种材料制成的物体。

或磁带上强度变化的磁场会在检测器中产生强度变化的电流，随后电流被放大从而产生输出信号。虽然这种磁带仍被使用，但已经局限于专业的录音或视频制作工作室了。

磁成像

现代医学的发展很大程度上依赖于获得人体内各个器官图像的能力。目前有几种技术手段可以做到这一点，其中最重要的便是磁共振成像（MRI）技术。进行磁共振成像扫描时，病人需要平躺在扫描台上，并将被扫描部位（如头部或胸部）置于磁共振成像仪中。磁共振成像仪中有一个比地球磁场强数万倍的强大磁场，当这一磁场启动后，病人的身体就会被电磁波所覆盖。磁场将病人被扫描部位组织中的氢原子激发到激发态——氢原子从电磁波中吸收了能量。当磁场关闭时，这些被激发的氢原子会辐射出它们吸收的能量，探测器能接收到这些氢原子辐射出的能量，通过计算机的处理将这些信号合成表示身体组织结构的彩色图像，彩色图像中每个部分的亮度和颜色便表示了身体中相应点上组织的数量和类型。另一种叫作功能性磁共振成像（fMRI）的技术则可以显示人体器官的实时代谢活动，比如在涉及情绪反应或心算等任务时大脑的活动。

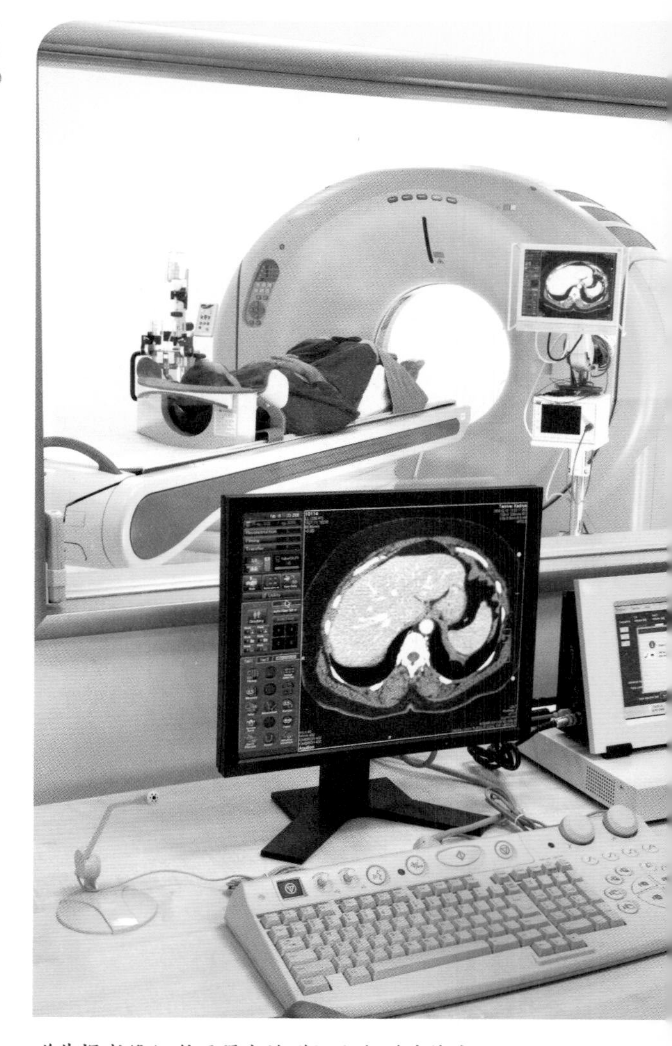

磁共振成像仪利用强大的磁场和电磁波使病人体内的氢原子“广播”它们自身的电磁波信号，然后计算机就可以重建病人身体内部组织结构的图像。

科学词汇

磁共振成像（MRI）： 一种对人的身体内部进行成像的技术。扫描时，人体被置于强磁场中，被扫描部位组织内的氢原子被磁场激发后辐射出成像信号。

超导： 零电阻导电的性质。有些金属在冷却到接近绝对零度（−273.15℃）时便会表现出这种性质。

磁力吊

电磁铁在工业上有着重要的应用。电磁铁的磁性是由电流产生的，其磁场比永磁体强得多，并且可以简单地通过开关电流来开启或关闭。强力电磁铁可用于吊装钢铁物品（如废车场的报废车辆），也可用于分离金属矿石和其他废品。金属分离是为尽可能多地从矿石中提炼金属或从废料中回收金属而对原料进行加工的必要操作，通常将被分离的材料放在一个绕着半圆形电磁铁不断旋转的转鼓上，任何非磁性材料都会直接掉到下方的桶中，而磁性材料在转鼓旋转过程中始终被半圆形电磁铁吸附着，直到通过电磁铁部分并最终落入一个单独的桶中（见右图）。

引导粒子

科学家通过在被称为“粒子对撞机”的巨型机器中加速亚原子粒子并使其相互撞击来了解物质的内部结构。大型强子对撞机（LHC）是世界上最大、能量最高的粒子加速器。它位于瑞士日内瓦附近的欧洲粒子物理研究所，被安置于一个周长足有27千米长的巨大圆形地下隧道里。

粒子对撞机中的粒子被加速到接近光速，并被环绕粒子束路径的电磁铁约束在其环形轨道上。粒子对撞机中使用的电磁铁必须非常强大才能约束高速粒子，因此一般选用超导体。超导体只有在极低温下才具有超导性，也就是说，在极低温下，它们可以在没有任何电阻的情况下传导电流，因此几乎没有任何能量损失，也不产生任何电阻热。粒子对撞机探测器中的磁场对于记录碰撞事件中粒子的路径也至关重要，探测器中的磁场用来弯曲碰撞事件中产生的粒子的路径。粒子回旋半径的大小同时取决于粒子的速度和质量，而探测器通过探测碰撞后粒子的回旋半径，便能得知粒子的基本属性。

磁选机

磁性材料和非磁性材料的混合废料可以通过转鼓与电磁铁相互分离。铜和黄铜等非磁性材料都属于容易从转鼓上直接滑落下来的金属。而铁、钢和其他磁性材料则会被吸附在转鼓表面，直到通过电磁铁部分而最终脱落。

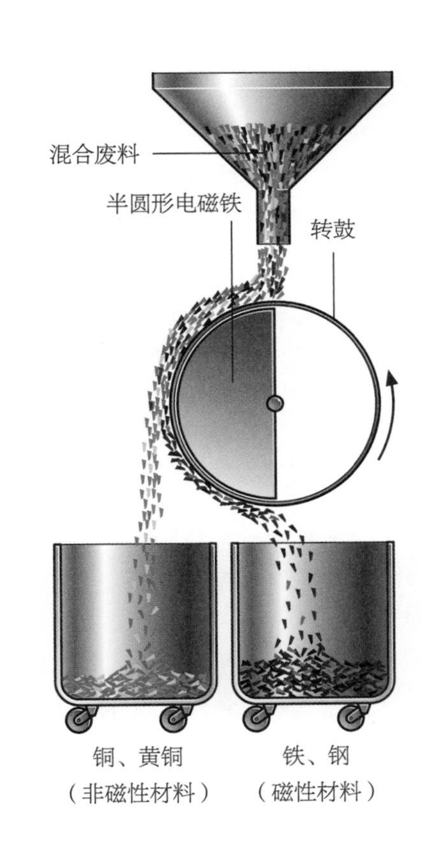

电与磁

近200年来，人们已经知道电和磁是紧密相连的。电流可以产生磁场，而变化的磁场也可以产生电流。科学家现在把电和磁看作是电磁现象的两个不同方面。

电和磁之间的联系最早由丹麦物理学家汉斯·克里斯蒂安·奥斯特（Hans Christian Ørsted，1777—1851）于19世纪早期发现。奥斯特发现，载流导线会影响导线周围磁针的指向。载流导线所产生的磁感线是环形的，如果你正对着导线的截面看过去，并且让电流方向指向你，那么你会发现，导线周围的磁感线是逆时针方向（以小磁针的北极受力方向为准）的，如下页图a所示。本书中，电流的方向均被定义为正电荷流动的方向。然而，科学家现在知道，这一方向其实是与实际电子流动的方向相反的。尽管如此，以正电荷流动的方向定义电流方向这一“历史性错误”仍然被保留了下来，并成为一种约定俗成的表述。

载流导线产生的逆时针方向的环形磁感线看起来与条形磁铁或地球的磁感线形状截然不同，但如果把导线盘绕成一个单一的线圈，那么磁感线的形状就开始有点类似于条形磁铁磁感线的形状了（见下页图b）。而如果把导线盘绕许多圈形成一个圆柱形的线圈（称为“螺线管”，见下页图c和图

电流的磁场

载流导线周围的磁感线是环形的。当电流向下流动穿过平面时，从上方看，感生磁场的磁感线是顺时针方向的。两根载流导线周围的合磁场形状如图所示：若两根导线内电流同向，则它们互相吸引；若两根导线内电流反向，则它们互相排斥。

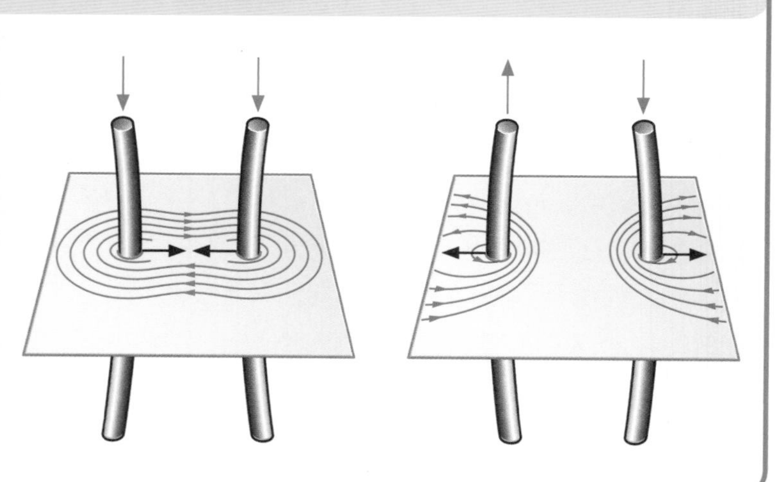

机场或火车站的金属探测器可以探测隐藏在行李或衣物中的武器和爆炸装置，金属探测器依据金属物体的磁效应工作。

d），那么这些线圈的磁场合在一起就会形成一个更强的磁场，并且其磁感线的形状与条形磁铁磁感线的形状非常相似。

吸引与排斥

磁性材料的磁场是由金属原子中的微观电流产生的，每个金属原子中的微观电流产生微观的磁场，数量众多的微观磁场聚在一起形成一个大磁场。电流产生的磁场就像磁铁的磁场一样会相互作用，即电流之间会相互吸引或相互排斥：在两根导线中沿同向流动的电流相互吸引，而沿反向流动的电流相互排斥。螺线管可以被视为一块条形磁铁，它有一个北极和一个南极，和磁铁一样，它也遵循异极相吸同极相斥这一原则。

载流线圈

当导线盘绕的圈数越来越多时（b、c和d），单根导线中电流的磁场（a）聚在一起形成的合磁场会越来越像条形磁铁的磁场。

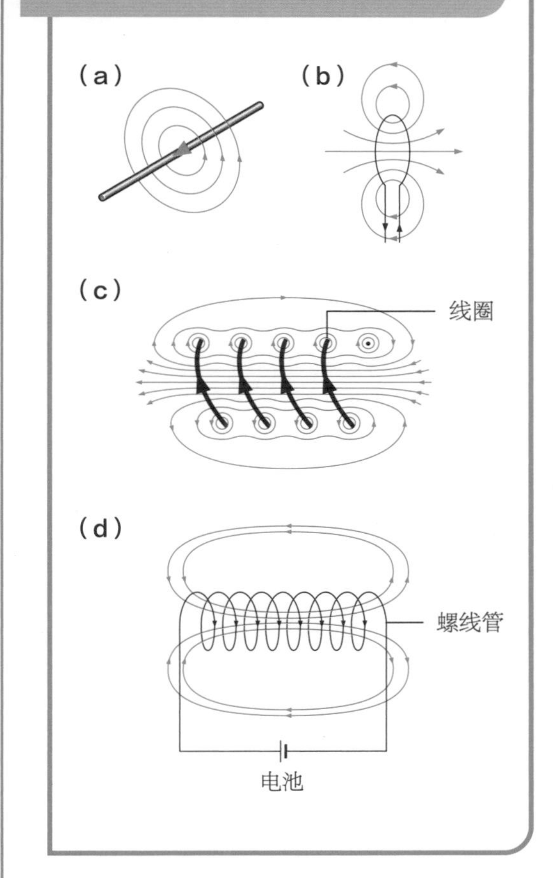

科学词汇

电磁现象： 一种物理上的现象，专指电流流过电路时在其周围产生磁场的现象。

螺线管： 一种载流线圈。电流流过螺线管时，便会在其中产生磁场。通常螺线管的线圈中有一个可移动的铁芯，当被磁场吸引时，它就会移动。

电磁铁

电可以用来产生强大的磁场，并且可以通过开关随意打开或者关闭磁场。电磁铁在工业上有着重要的价值，被应用在许多我们非常熟悉的设备上。

把载流导线盘绕成螺线管就制成了电磁铁。它的磁场可以随意开启或关闭，因此是一种非常方便的磁铁。它的磁场强度取决于通过它的电流的大小。然而，电流的上限受电流热效应的限制。

把载流导线绕在铁芯上可使电磁铁的磁力增强。铁芯被螺线管的磁场强烈磁化，从而大大增强了电磁铁的总磁场。随着电流的增大，铁芯的磁化强度也会随之提高，直到铁芯达到磁饱和状态（参见第6～7页）。此时，继续增大电流只会进一步提高螺线管自身的磁场强度，而无法提高铁芯的磁化强度。无论电磁铁的铁芯使用什么材料，都必须是“软磁性的”，即它既可以轻松地获得磁性，也能轻松地失去磁性。

驱动电磁铁工作的电可以有几种不同的来源。在电动剃须刀等便携式设备中，电池就足以驱动电磁铁；在机动车辆、轮船和飞机上，车辆自己的发动机会产生电能为所有系统（包括那些使用电磁铁的系统）提供动力；而在家庭、办公室和工厂中，市电是电磁铁中电流的来源。

在研究电磁铁的早期实验中，美国物理学家约瑟夫·亨利（Joseph Henry，1797—1878）使用原电池为电磁铁供电。原电池由浸泡在酸中的两种不同金属（如铜和锌）组成，亨利用绕了几百圈的绝缘导线制作了可以举起一吨多重物体的强力电磁铁。

电磁铁的原理

通电时，铁芯让螺线管的磁场更加集中，但是当电流被切断时，铁芯会失去其几乎所有的磁性。

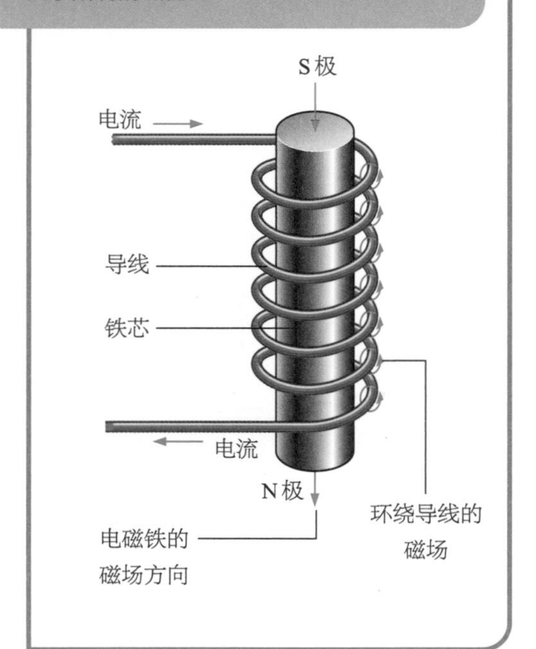

紧凑缪子线圈（CMS）是日内瓦欧洲核子研究中心大型强子对撞机的一部分，它有一个13米长、直径近6米的巨大电磁铁，并且其螺线管的线圈是由被持续冷却的铌钛合金制成的。

海上的危险

电磁铁最令人意想不到的应用之一是在战争时期。磁性水雷被拴在海底，浮在水面下一定深度（也称“锚雷”）。当有船只经过时，船体上的金属就会被磁性水雷内的敏感磁针探测到，这个敏感的磁针是水雷电开关的活动部件。经过的船只使磁针摆动，水雷的电开关就会合上，电池的电流通过电雷管引爆水雷，从而破坏或炸沉船只。水雷被触发是因为船体长时间暴露在地磁场中被磁化了，因此能被磁针感应到。消磁带是一种环绕在船体上的电缆，通电后会产生磁场，可以抵消船体本身的磁场，从而保护船只不被水雷探测到。

小实验

测试电磁铁

这个实验将用一块简单的电磁铁来测试其磁力是否可以变得更大。

（注意：请勿让电磁铁与电池连接太久，因为导线和铁钉会迅速发热。）

实验步骤

将一根1米多长的绝缘导线绕在一根10～15厘米长的铁钉上，并且在铁钉的上下两端各留出约30厘米的富余导线，将导线的两端分别连接到9伏电池的正负极上。试试看铁钉能吸起多少个回形针。

现在将一根两倍长的绝缘导线缠绕在另一根10～15厘米长的铁钉上，同样在上下两端各留出30厘米长的富余导线，把导线和电池正负极连接起来，试试看这次铁钉能吸起多少个回形针。和第一根铁钉相比，这根铁钉吸起的回形针更多了还是更少了?

最后，将制作的两个电磁铁分别连接到两个9伏电池的正负极上（如下图）。哪种情况吸起的回形针最多？有两个电池供电的电磁铁是否比只有一个电池供电的电磁铁磁力更大？你会发现，线圈的匝数越多，电磁铁的磁力越大；供电电压越高，电磁铁的磁力越大。

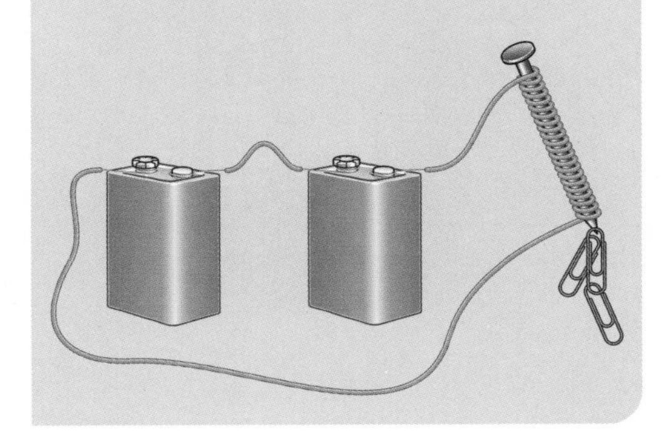

约瑟夫·亨利

美国物理学家约瑟夫·亨利（Joseph Henry，1797—1878）发现了电磁感应原理——改变一个电路中的电流可以在另一个电路中产生感应电流。然而，亨利并没有因此获得应有的荣誉，因为英国物理学家迈克尔·法拉第（Michael Faraday，1791—1867）在亨利之前公布了他自己关于电磁感应研究的成果。亨利改进了电磁铁，并制造出了世界上第一批电动机。他还成功发明了第一批电报机，使信息在长距离传送时不衰减。1846年，亨利成为华盛顿特区新成立的史密森尼学会（Smithsonian Institution）的首任会长，并一直担任会长到1878年去世。他在史密森尼学会发展了气象学研究，开创了天气预报的先河。

亨利电磁铁的原理

线圈使马蹄形磁铁的两条“腿”磁化，两条“腿”上的磁场使得马蹄形磁铁的两端各产生了一个磁极。

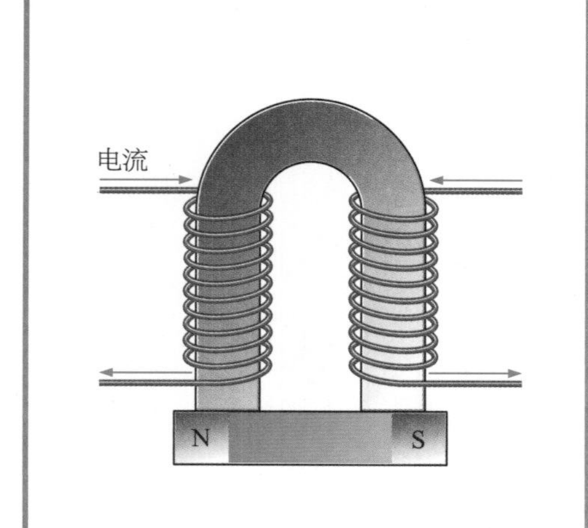

弯曲电子束

电流并不局限在导线中流动，电流也可以穿过空间。在老式荧光屏电视机中，一束电子从电视机后部的热阴极发射出来，逐行扫过屏幕并使屏幕上的微小荧光点发光，从而形成电视图像。电子束也被用在电子显微镜中，电子显微镜是一种能看到比普通的光学显微镜看到的细节小得多的仪器。透射电子显微镜（TEM）是电子显微镜的一种，它可以看到单原子尺度的细节。透射电子显微镜中的电子被数十万伏特的高压加速，其电子束的电流大约只有十亿分之一安培（通过一个普通台灯灯泡的电流大约有

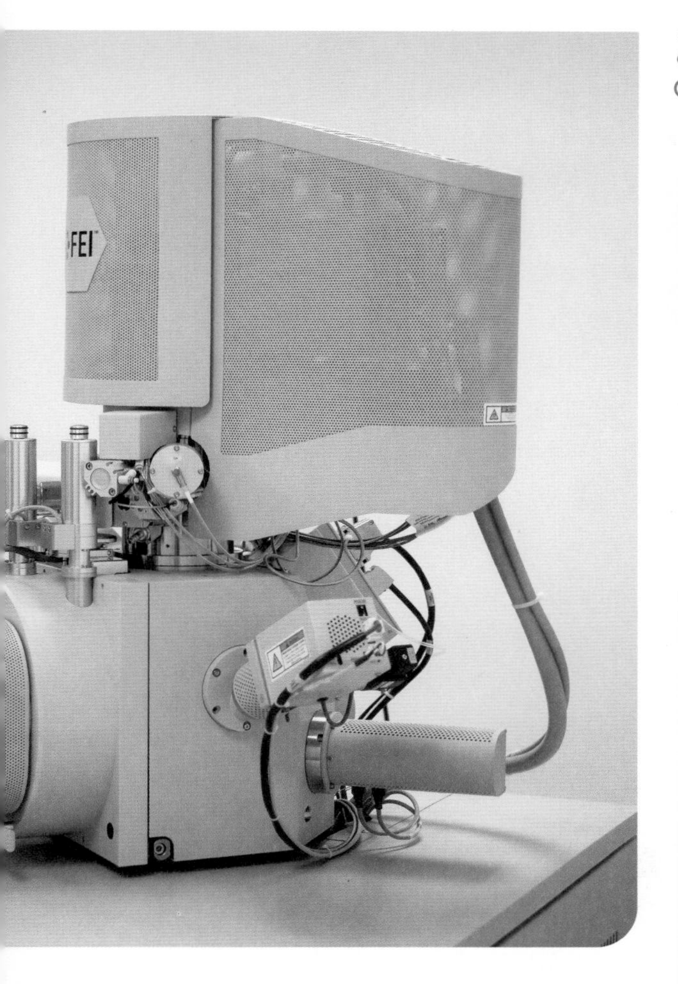

扫描电子显微镜（SEM）的放大倍率比最好的光学显微镜还要高250倍。

0.5安培）。电子束由载流线圈组成的电磁铁（电子透镜）成形、聚焦和引导，最终到达观察物体处。

电子显微镜

电子显微镜用一束电子来代替光束。和所有的亚原子粒子一样，电子的波长比光的波长短得多，因此可以获得异常精细的图像。从电子显微镜顶部射出的电子束被强大的磁透镜（载流线圈）聚焦。

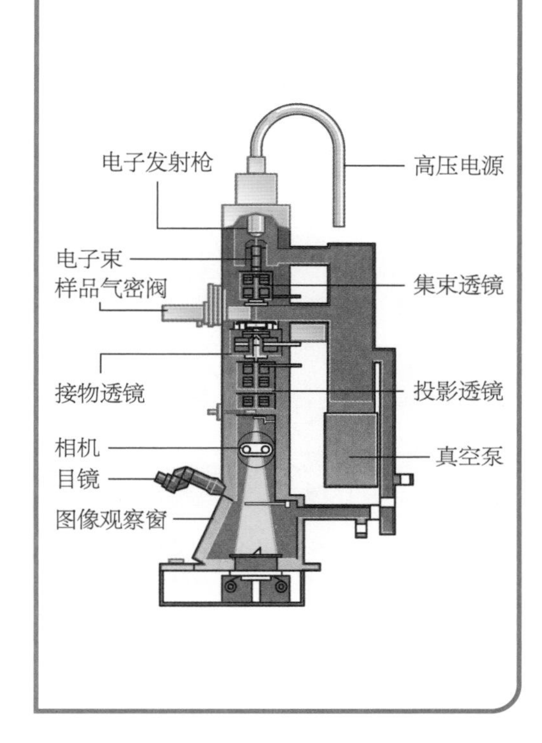

科学词汇

马蹄形磁铁：一种弯曲成马蹄形的永久磁铁，它的两个磁极靠得很近，使得总磁力更强。

磁透镜：一种能聚焦电子束或其他带电粒子的电磁铁阵列，一般用在电子显微镜中。

磁化：使原本不具有磁性的物质获得磁性的过程。

电磁设备

今天的世界是一个到处都是按钮的世界——用手指轻轻一按，就能举起巨大的重物，或将文字和图像传到世界各地。这一切我们习以为常。然而，这些过程都是通过电磁设备才得以实现的。

19世纪早期，科学家发现了电磁现象，并由此发明了一系列依靠电流和磁场相互作用的设备。如今，电磁设备已经成为人们日常生活的一部分。1831年，美国物理学家约瑟夫·亨利（Joseph Henry，1797—1878）发明了世界上第一个电铃。电铃是通过内部的铃锤反复击打铃铛发声的。在没有电流通过的情况下，铃锤受弹簧弹力的作用，与铃铛不接触；当按下电铃开关后，电流流过电磁铁的螺线管并产生磁场，磁场吸引铃锤的金属臂撞击铃铛，从而发出声音。但是，铃锤的运动同时也使得电路断开，电路中电流消失，电磁铁螺线管的磁场也随之消失，铃锤不再被螺线管磁场吸引，于是在弹簧弹力作用下返回原位置，再次接通电路，使电流再次流过电磁铁螺线管。只要电铃开关保持按下状态，这个铃锤便会反复击打铃铛。

电铃比19世纪之前人们通常使用的拉绳铃要方便很多——电线可以比拉绳更方便地从一个房间铺设到另一个房间。如果需要的话，电铃还可以发出不止一种铃声，并且铃声可以非常响亮，也可以有各种各样的音调。之后，电铃的“亲戚”——电钟也被发明了出来。

电报

电磁现象的早期应用之一就是电话的

萨缪尔·莫尔斯

1791年，萨缪尔·莫尔斯出生于美国马萨诸塞州的查尔斯敦。1810年从耶鲁大学毕业后，他在英国学习艺术，并在回国后成为一名肖像画家。19世纪30年代，他对科学产生了极大的兴趣。在与美国科学家约瑟夫·亨利相识之后，他受到亨利的启发并发明了电报。亨利曾向莫尔斯展示用电磁铁的原理来探测导线中电流流过的方式。当导线中有电流流过时，电流的磁铁会吸引电磁铁的铁芯，使其发出“咔嗒”的声音。1843年，莫尔斯修建了一条连接华盛顿特区与巴尔的摩长达60千米的电报线。第二年，他发出了世界上第一封电报“What hath God wrought!”（“看看上帝创造了什么！”——取自《圣经》）。电报技术成功的关键是莫尔斯电码——一种由电流短脉冲和长脉冲（点和划）组成的符号系统，可以用来编码字母表中的不同字母。莫尔斯电码是由莫尔斯与他的助手阿尔弗莱德·维尔（Alfred Vail，1807—1859）共同设计的，其中最短的编码被分配给最常用的英文字母。莫尔斯于1872年在纽约去世。

图为电报发送机（右侧）和接收机（左侧）。当电报信号被电报接收机接收时，接收机会在长长的纸带上把电报信号用点和划记录下来。

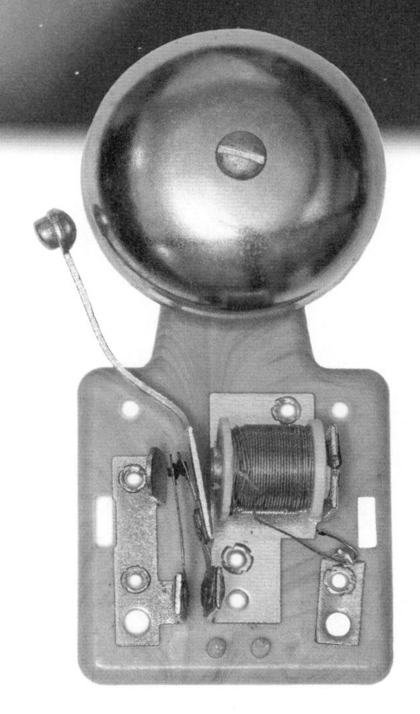

电磁铁的螺线管把铃锤往一个方向拉，弹簧则把铃锤往另一个方向拉，电铃就这样振动了起来。

前身——电报，电报通过长长的电报线以长短电流脉冲的方式远距离收发信息。这些长短电流脉冲驱动电报接收机的记录笔上下运动，将短脉冲记为点（.），将长脉冲记为划（–）。根据美国发明家萨缪尔·莫尔斯（Samuel Morse，1791—1872）设计的莫尔斯电码（也称“莫斯码”），点和划的组合代表了英文字母表中的不同字母。

要想远距离发送信号，就必须解决信号在数千米长的电报线上传输时强度衰减的问题。随着继电器的发明，电磁学再次被用来解决这个问题。每一段长约32千米的电报线上的信号都可以控制下一段32千米长的电报线上信号的开或关，而每一段电报线都有自己独立的电力供应。通过这种不断接力的方式，信号就可以被发送到无限远的地方而不用担心衰减问题。

这种接力传递信号的方法在今天仍然很重要。继电器便是一种能使一个电路中的电流控制另一个电路中的电流的装置，通常后一个电路中的电流大且危险（强电电路），而前一个电路中的电流小且安全（弱电电路）。卡车司机在点火启动卡车发动机时，就会用一个由电池供电的弱电电路去控制另一个需要用大电流启动卡车发动机的强电电路。

门铃

按下门铃开关按钮后，电流会通过电磁铁的螺线管，产生磁场，从而使螺线管中心的铁棒剧烈跳动，撞击其中的一个铃管，发出第一声铃声。一根弹簧（图中未显示）会立刻将铁棒拉回，撞击另外一个铃管并发出第二声铃声，如此重复便能持续发出铃声。

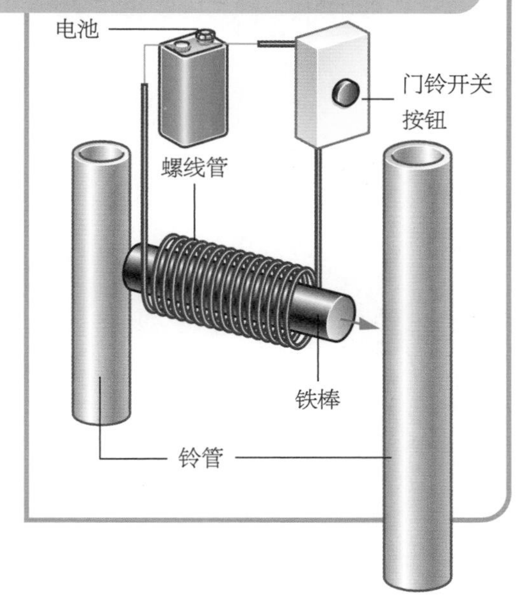

驾驶汽车

磁铁在今天的电动汽车中也是必不可少的。电动汽车由电力而非汽油驱动，并且配有大容量电池，通过电磁效应产生驱动力。除了电动汽车，使用传统内燃发动机的汽车也配备了众多利用电磁效应工作的装

电启动器

传统燃油车有一个电启动器，由汽车蓄电池的大电流点火启动。这个蓄电池大电流是由启动继电器控制的，当司机转动点火开关的钥匙时，蓄电池的小电流会激活一个螺线管，吸引极片导通，继而启动继电器内的触点。

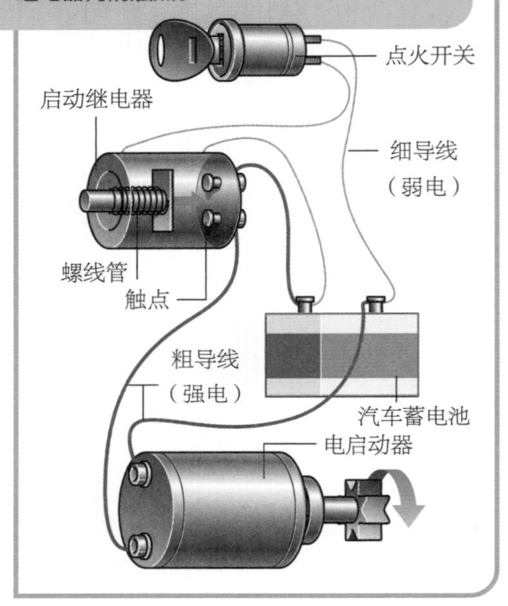

置，如小型的电动机（参见第34～39页），以及各种磁性传感器。汽车油门上就有一个检测油门位置的磁性传感器，可以控制喷油嘴阀门的开合大小，从而控制汽车的速度。在汽车定速巡航时，即使驾驶员的脚没有踩在油门上，这个传感器仍然能够使汽车保持恒定的速度。另一个重要的传感器用来检测带有助力转向装置的方向盘的位置，它可以精确地控制用来驱动车轮左右转向的力矩的大小。

电磁与声音

磁在声音重现过程中至关重要。使收音机、手机或电视机的扬声器发声的是相对较弱的电流，其电流强度每秒变化数千次。电流随时间的变化模式（音频信号）与采样的人声、音乐声或其他声音的响度随时间的变化模式一致。

这种强度随时间变化的电流会流过一个附着在纸或塑料圆锥体中心的、叫作“音圈”（voice coil）的螺线管。音圈在一个强大的永磁体磁场中，永磁体的形状是环绕音圈的一个圆环。随时间不断变化的电流使音圈产生一个不断波动的磁场，这一磁场与永磁体磁场相互作用，牵引音圈和纸或塑料圆锥体一起振动，并且振幅取决于音圈中流过电流的大小。振动的圆锥体会扰动空气，从而产生与原声完全相同的声波。

麦克风可以产生携带音频信号的电流。如今，被委以重任的各类麦克风其实都是电磁效应在起关键作用。声音的振动声波传递到麦克风中，驱使一个很轻的塑料膜片振动，附着在膜片上的是一个位于永磁体磁场中的金属带或线圈。当金属带或线圈在磁

场中振动时，就如同磁铁在振动而金属保持静止，结果金属中就产生了感应电压，从而产生了一个微弱的音频电流。

早期的录音机上有圆锥状的拾音管和用来放大声音的大喇叭，大喇叭可以放大录音针沿着录音盘（盘式留声机的唱片）或录音筒（滚筒式留声机的锡箔滚筒或蜡筒）的凹槽运行时所产生的微弱声音。用数字方式录制和再现声音会更加准确，尤其是在需要很宽的频率范围和很大的音量时。

电磁效应也在以另一种不同的形式革新音乐的录制和演奏方式。在传统钢弦吉他上加上被称为“拾音器”的磁性探测器，使琴弦的机械振动转化为电信号，于是电吉他就诞生了。电吉他可以把声音放大或者以各种方式变声后将声音送入扬声器并播放出来。这种全新的演奏方式使吉他在爵士乐、摇滚乐和流行音乐中发挥着越来越突出的作用。

扬声器中有一个很强的永磁体和一个作为电磁铁的线圈。永磁体与线圈之间的相互作用会使扬声器中的一个圆锥体振动并发出声音。

科学词汇

电流：单位时间通过某个截面的电荷净转移量。

电动机：依靠电磁感应原理运行的旋转电磁机械，用于实现电能向机械能的转换。

继电器：由电路中电流的变化激活的一种装置，能控制打开或关闭另一个电路。继电器中通常含有电磁铁。

继电器

在大楼的中央供暖电路中，一个弱电（小电流）回路控制着强电（大电流）回路（燃气锅炉）的电源开关，其核心就是一个继电器。下图所示的就是一个弱电回路中的开关控制一个继电器，继而控制另一个强电回路中的大型电动机。合上弱电回路中的开关可以让小电流通过，继电器中的螺线管产生磁场，并吸引枢轴带动电枢移动，进而导通强电回路中的电流来控制大型电动机。

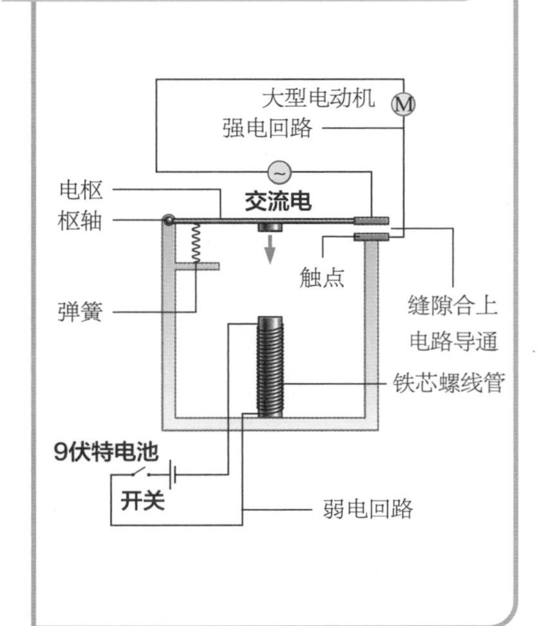

电动机效应

永磁体或电流产生的磁场可以使载流导线发生位移。当时的科学家仔细研究了这种效应，并据此设计了世界上第一台电动机。当年实验室里的玩具如今已成为现代工业中的主力机器。

在奥斯特1819年突破性的发现之后，英国物理学家迈克尔·法拉第对电和磁之间的相互作用进行了系统性的研究。法国物理学家安德烈·安培（André Ampere，1775—1836）发现，载流导线不仅会产生磁场，当它们被放置在磁场中时，它们还会受到力的作用——这使载流导线与磁体更为相像了。法拉第随后总结了载流导线与磁体的相互作用规律，并宣布了其“左手定则”：伸出左手，让手掌对着你，左手的拇指、食指和中指互成直角展开，若食指代表磁场方向，且中指代表电流方向，那么拇指将指示载流导线运动方向。

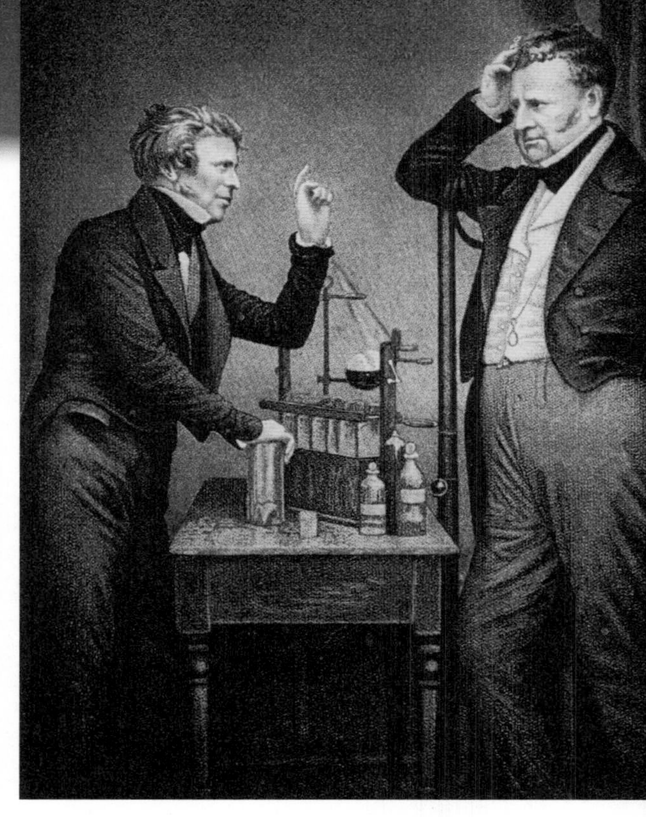

迈克尔·法拉第（左）与他的同事、科学家约翰·丹尼尔（John Daniell，1790—1845）一起在实验室中，约翰·丹尼尔是丹尼尔电池（参见第61页）的发明人。

电动机效应演示

当电流流过浸在水银（汞）中的铜棒时，铜棒就会绕着磁铁旋转。

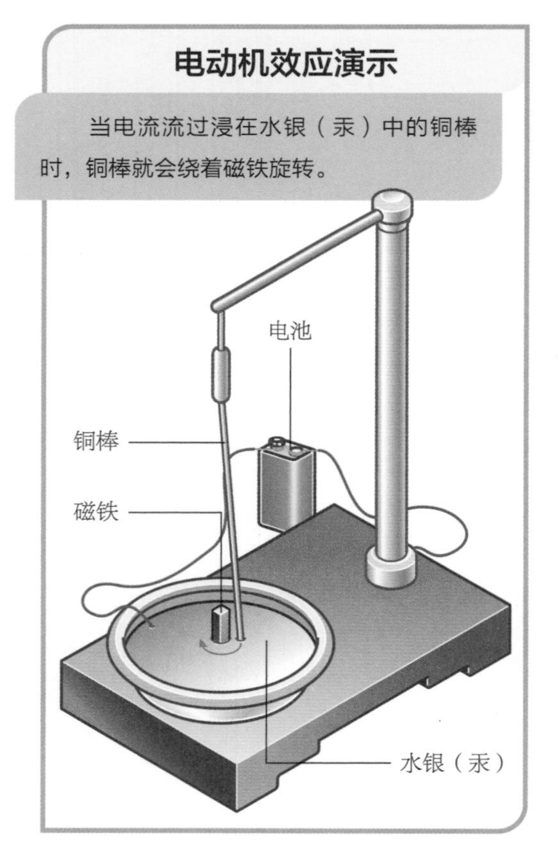

（在本书中，电流方向始终为正电荷的流动方向，该方向与带负电荷的电子的流动方向相反。）

原始电动机

法拉第设计了一个关于电和磁之间相互作用效应的绝妙的演示实验。他让电流通过一根下端浸在一池水银（汞，一种良导体）中的、自由悬挂着的铜棒，当将一块条形磁铁竖直放置在铜棒附近时，铜棒便开始绕着磁铁转动，只要有电流通过，铜棒就会一直转动。这是因为流过铜棒的电流方向大致是竖直的，而电流所产生的磁场与磁铁相互作用，在铜棒上产生了一个力，这个力的作用方向与电流方向和磁场方向均成直角，即指向圆周的切线方向。

电流通过磁场中的线圈时，因为电流在线圈的两边以相反的方向流动，所以线圈的两边将受到相反方向的力。这就在线圈上产生了一个力矩，或称“转矩”。线圈恰好与磁感线成直角时，无转矩，因为线圈两边的力倾向于拉伸或挤压线圈，而不是转动线圈。线圈的匝数越多，通过的电流越强，产生的磁场就越强，施加在线圈上的力也就越大。这就是如今应用广泛的电动机的基本原理。

导线所受的磁力

法拉第向人们演示了当电流方向和磁场方向如下图所示时，载流导线将受到竖直向上的力。

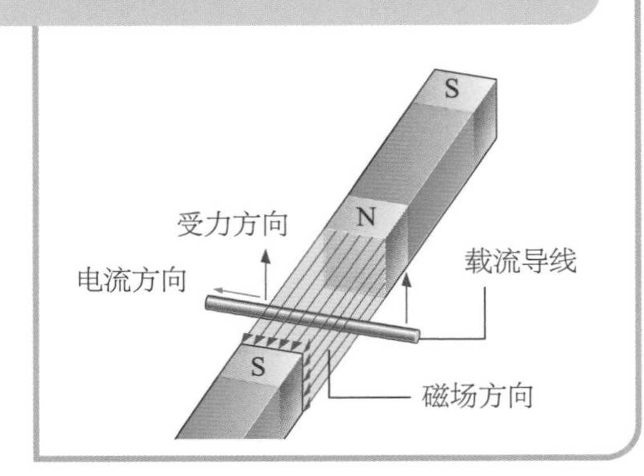

科学词汇

线圈： 电流流过的螺旋状导线。每匝线圈的电流所产生的磁场叠加在一起形成了一个大磁场。这样的线圈就是一个电磁铁，其磁场形状类似于条形磁铁的磁场形状。

左手定则： 左手食指、中指和拇指互成直角展开，左手的食指和中指分别指示磁场方向和电流方向时，左手拇指的指示方向便是载流导线或载流导体的运动方向。

力矩： 引起旋转或扭转的任何力或力系。

线圈所受的磁力

载流线圈在磁场中倾向于旋转，直至其与磁感线成直角。磁场和电流的相互作用使线圈转动（a），而当线圈与磁感线成直角时，就没有转动力了（b）。

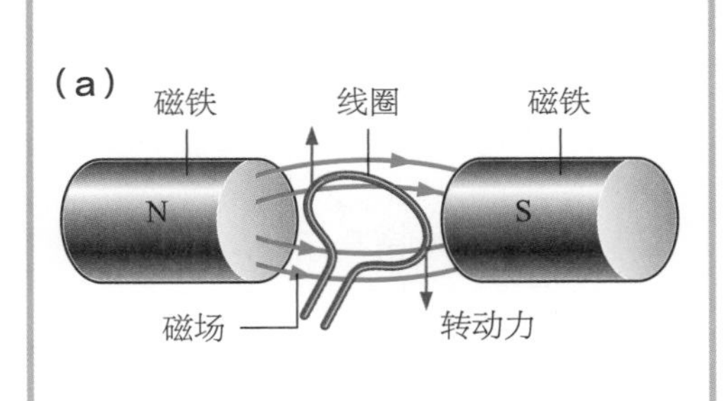

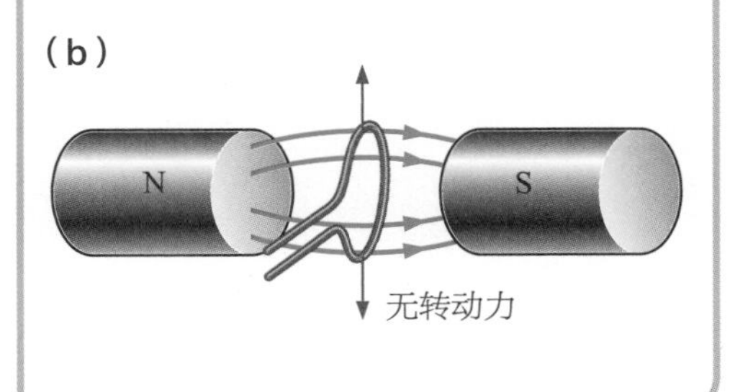

电动机

图中展示的是小型感应电动机，其内部的铜线圈绕组在中心轴的两边清晰可见。电流通过这些铜线圈绕组时会产生一个旋转的磁场，进而在转子线圈中产生感应电流，驱动转子运转。

若没有电动机，我们的生活会大不相同。电动机有很多种类型——从电子钟里使指针转动的小电动机到摩天大楼里带动电梯上下运行的大功率绕组电动机——每一种电动机都被设计用来完成某一项特定的任务。所有的电动机都是利用电和磁之间的相互作用工作的。

要想把前一页所展示的简单的旋转线圈变成一个电动机，就得把它做得复杂很多。尽管如此，所有电动机的基本原理都是一样的：电流通过磁场时，会受到与自身方向和磁场方向均成直角的力，这个力可以让物体运动，而运动可以做功，如驱动车辆、提升重物，或开关门窗。

直流电动机

直流电（DC）是一种不随时间变化的稳定电流。最简单的一种电动机使用的就是直流电，直流电通过一个在永磁体磁场中可自由旋转的多匝线圈。在下一页右上方的图中，靠近S极线圈中的电流在磁场作用下会受到向下的力。当线圈处在图示位置时，线圈的转矩是顺时针方向的；线圈平面与磁感线平面平行时，线圈上的转矩最大。

当线圈从这个位置转动90°，即线圈平面与磁感线平面垂直时，线圈上没有转矩，但是线圈的转动动量将使线圈越过这一垂直位置。如果电流方向保持不变，那么线圈上的转矩将会变成逆时针方向，从而减缓并阻碍线圈继续转动。为了防止这种情况发生，当线圈平面与磁感线平面成90°时，电流就要反向。使电流反向的重要部件就是换向器（也称“整流子”）。换向器是一个分为两半的圆筒，两个半圆筒分别与一个电刷或触点接触。当线圈转到90°的位置时，换向器的两个半圆筒会滑动并与另外的电刷或触点接触，从而反转线圈内的电流方向。反转的电流产生的转矩会驱使线圈继续转过90°位置，然后到达下一个90°位置，线圈内的电流方向会再次反转。

交流电动机

交流电（AC）是一种每秒变化多次的电流。交流电动机的工作原理比直流电动机的更简单，因为交流电本身会周期性地反转方向（在美国，市电的反转周期是每秒60次，即频率是60赫兹），所以线圈以这个速度旋转时，就不需要换向器了。这样的交流电动机可以自动调整转速，使转速与供电电流的频率同步。

然而，几乎所有的实用电动机都比这些例子要复杂得多。大多数情况下，磁场是由电磁铁而非永磁体提供的。电动机的电源为电动机内部的磁感线圈提供电流，这些磁感线圈组成了固定在电动机外圈上的一个叫作“定子绕组”的部件。其内圈的旋转部

科学词汇

交流电动机：由交流电驱动的电动机。

交流电：先向一个方向流动，再向另一个方向流动的电流，每秒变换方向很多次。

直流电动机：由直流电驱动的电动机。

直流电：始终朝一个方向流动的电流，但其电流强度可能会变化。

直流电动机

磁场驱动载流线圈转动，滑环换向器固定在线圈上，每半圈反转一次电流。

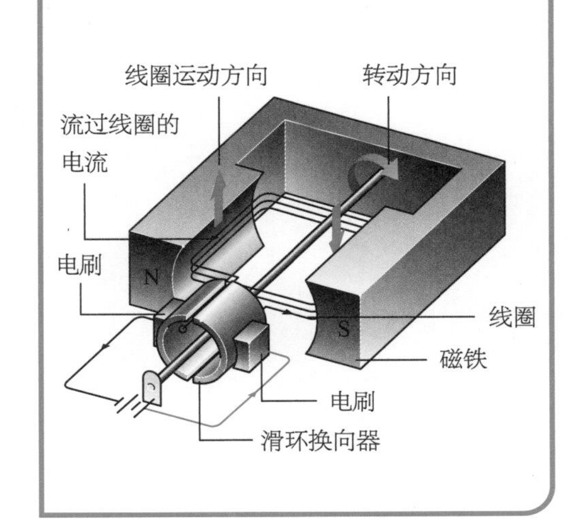

交流电动机

电流的方向不断反转，转矩始终作用在线圈的同一旋转方向上。

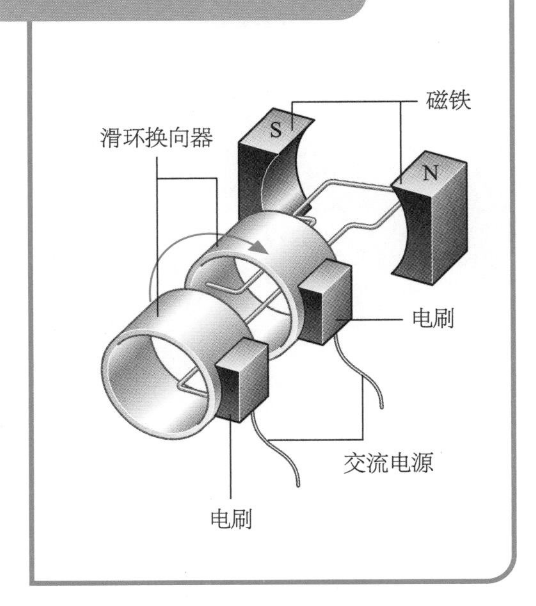

感应电动机

交流电流过定子绕组（外圈）产生一个旋转磁场，驱动笼式转子（内圈）旋转。

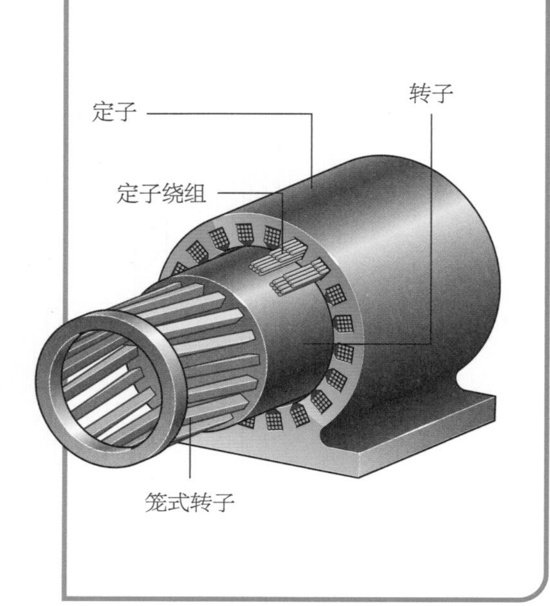

件是由许多转子绕组组成的转子。转子由换向器提供电流，换向器被分割成一定数量的区段，确保在任意时刻只有在磁场平面上的转子绕组才有电流流入，从而产生最大的转矩。

感应电动机

最常见的交流电动机类型是感应电动机，它的工作原理与上面描述的原理均不同。感应电动机中的交流电流过定子中的定子绕组，定子绕组中的线圈一个接着一个，从一端看过去，磁场是旋转的。封装在定子内的是一个叫作“笼式转子”的部件，由铁条或其他软磁金属组成。定子内的旋转磁场会在笼式转子内感应出磁场（“感应电动机”也因此而得名），于是笼式转子便随着磁场的转动而转动起来。

直线异步电动机

想象一下，如果将感应电动机（a）“展开”（b），那么它就会变成一个直线异步电动机（c）。磁轨道（展开的定子）中的运动磁场会拉动金属板（展开的转子）前进。

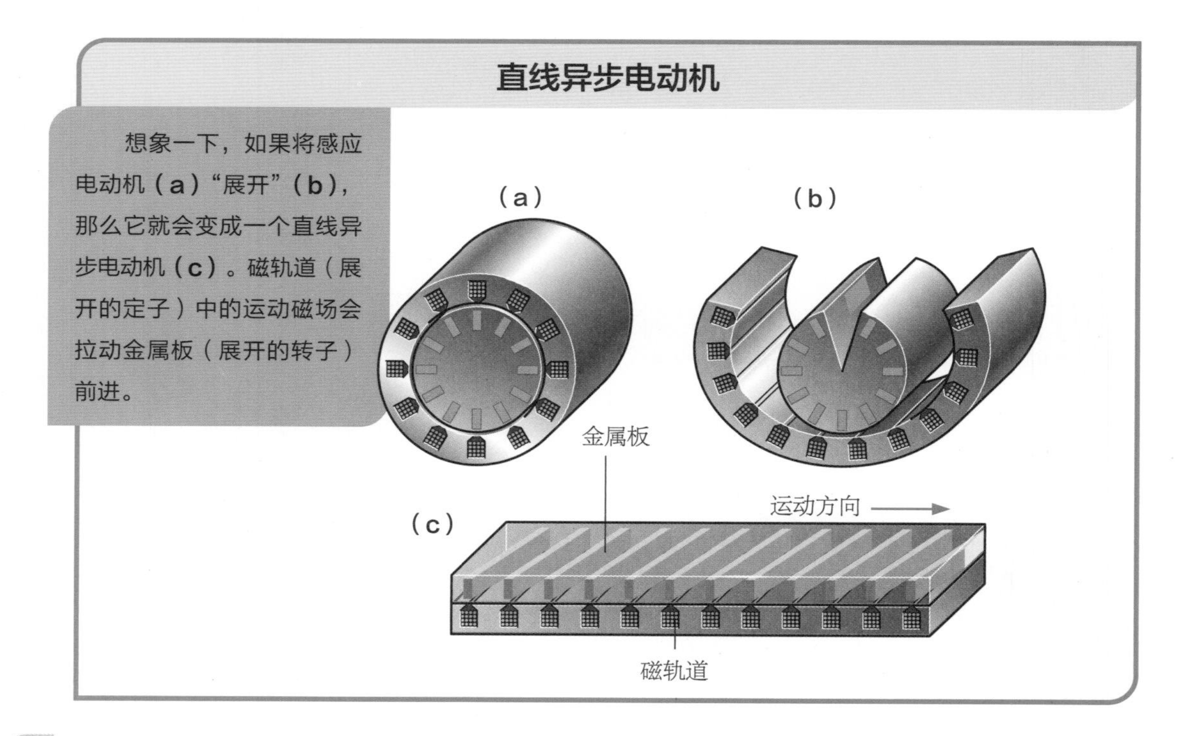

实用直流电动机

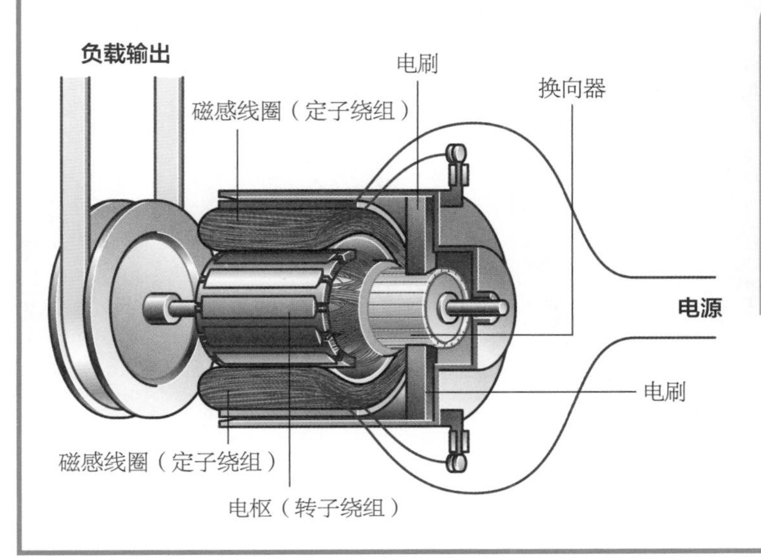

在实用直流电动机中，磁场不是由永磁体提供的，而是由通过磁感线圈（定子绕组）的电流产生的。换向器也被分成了许多区段，其数目与电枢中的磁感线圈（转子绕组）的数目相对应。

直线异步电动机

类似的原理也应用在用于直线移动物体的电动机中。直线异步电动机中的磁感线圈沿直线轨道排列。电流依次通过这些直线排列的线圈，产生一个沿轨道前进的磁场波。放置在磁轨道上方或旁边的合适大小的金属板便会感应出磁场，并随着磁场波一同前进。直线异步电动机如今被广泛应用于许多需要做直线运动的机器中，如滑动门和织布机的梭子。

无处不在的电动机

在工业化时代，电动机随处可见。大多数家用电器，包括洗碗机、洗衣机、食品搅拌机、榨汁机、电钻和吸尘器，都依赖电动机工作。即使是台式电脑，也装配有电动机来驱动硬盘和风扇。在工厂里，许多机器是由电动机驱动的，它们为火车和有轨电车等运输系统提供动力。在汽车上，小型电动机驱动雨刷、电动车窗、天窗、中央控制门锁，以及可调后视镜、座椅和可伸缩无线电天线。所有这些电动机都依赖电磁学原理工作。

科学词汇

感应电动机：由定子绕组形成的旋转磁场与转子绕组中感应电流的磁场相互作用，而产生电磁转矩驱动转子旋转的交流电动机。

直线异步电动机：一种产生直线运动的感应电动机，例如使滑动门打开或关闭。

定子：电动机或发电机中保持固定不转的部分。

电动机的应用

电是一种多用途的能源，可以用来做各种各样的工作。电动机是把电能转换成机械能的机器，在家庭、花园和工厂里无处不在。

18 世纪开始的工业化让人们懂得了用水力驱动磨坊和工厂里的机器。在水之后作为动力源的便是蒸汽。然而，19 世纪电动机的蓬勃发展，使得工业化进入了生产力的新阶段，为现代世界的发展铺平了道路。到 1850 年，试验用的电动机已经开始为船舶和铁路机车提供动力了。

如今，电动机能做的工作种类更加繁多。一些电动机被设计用来长距离移动重物，如电梯用的电动机；另一些电动机则被设计用来提供平稳顺滑的运动，如驱动滑动门的直线异步电动机。对于其他一些电动机来说，所产生力量的大小才是最重要的，如垃圾粉碎装置中的大功率电动机。工业上使用的电动机的尺寸可能受到物料成本的限制，但另一些电动机可以做得非常小，如手表、电动牙刷或电动开罐器中使用的微型电动机。

上下运动

1857 年，世界上第一台蒸汽电梯在纽

世界上第一列地铁诞生于英国伦敦，是由蒸汽驱动的，但其缺点是存在严重的通风问题。从19世纪末开始，全世界的地铁系统大多采用电力驱动，如上图中这列西班牙马德里的地铁列车。

约的一家百货公司投入使用。尽管蒸汽电梯和液压电梯非常成功，但在19世纪80年代末，它们还是被电动电梯完全取代了。电动电梯更清洁、更安静、更强劲，安装在电梯上的各种不同类型的电动机可以使电梯轿厢在一个合适的速度范围内运行，并且不需要复杂的齿轮组。现代最快的电梯可以以每小时45千米（每秒12.5米）的速度上下运动。

高耸入云的现代化建筑需要大量的电梯，因此工程师们在设计电梯时，要让它们占据尽可能小的楼内空间。一种可行的方法是将电动机从电梯竖井顶部的皮带轮上移除，替换为内置于电梯轿厢中的扁平状直线异步电动机。

科学词汇

磁极： 磁铁中磁场最强的部分。磁感线从一个磁极发射（辐射）到另一个磁极并汇集在一起。

转子： 电动机或发电机中的旋转线圈。参见定子。

启动与停止

电动机的设计有千万种不同的变化，这取决于电动机不同的工作环境。特定工作环境中的特殊设计可以使电动机慢速启动，以防止启动过速。

流过电动机定子（参见第36～39页）的电流，通过磁感线圈，形成穿过定子的磁场。二极电动机是最简单的一种电动机，由于其采用的是交流电，磁场会不断地反转180°，因此电动机可以持续转动。转子也有自己的磁场，通常由永磁体或电流产生。转子在定子中反复转动，试图使自己的北极靠近定子磁场的南极，但从来没有成功过，因为定子的磁场一直在不停地旋转变换。

这种电动机启动起来可能很慢。如果电动机启动时转子磁场恰好与定子磁场平行，那么当定子磁场反转时，转子就无法获得朝向任意一侧的转矩。而一旦转子转动起来，上述问题就不会出现了——因为转子自身的转动动量会使它越过这个没有转矩的位

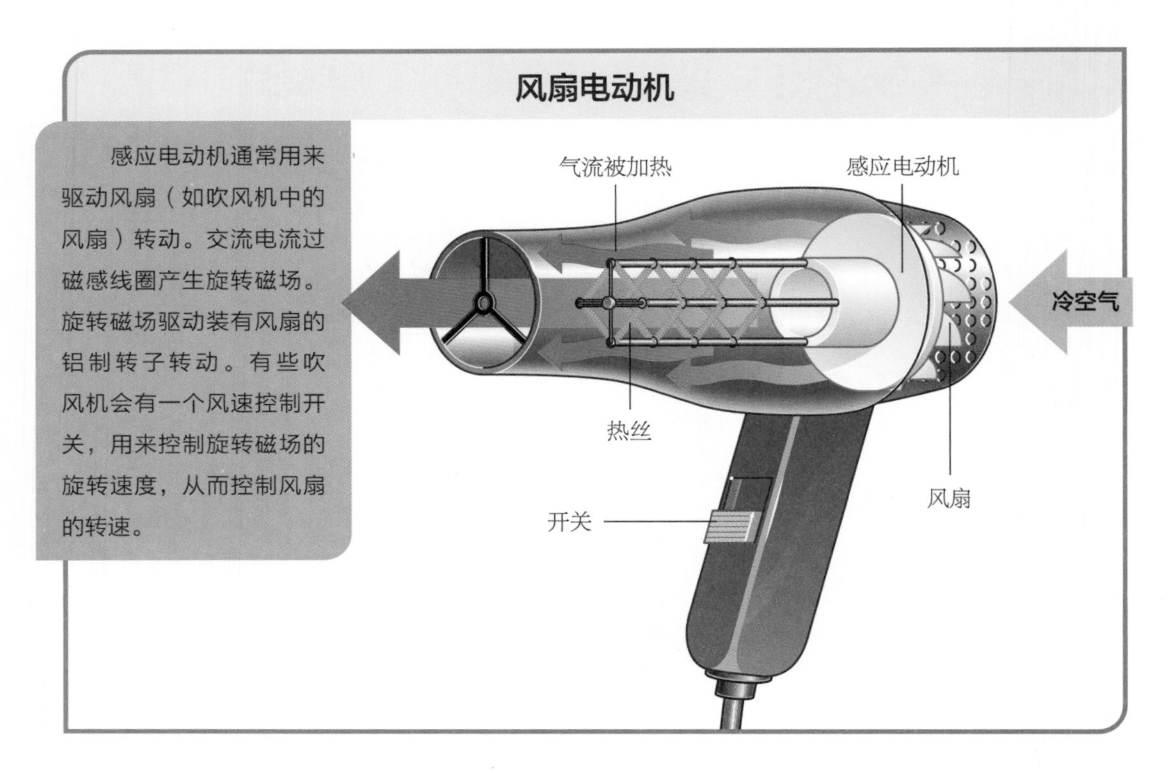

置。而且，转子本身可以在两个对等的方向（顺时针和逆时针）上旋转，所以必须于启动之时在正确的转动方向上给转子一个初始推力。

这样的电动机通常会带有一个附加电路和磁感线圈，当电动机启动时，这个附加电路和磁感线圈会产生一个额外的磁场，对转子产生一个初始推力，而一旦电动机的转速达到正常工作范围，附加电路就会自动断开。

一个电动机一般会有两个或两个以上的极，即不止一对磁感线圈。正如前面所解释的（参见第36～39页），电流依次、连续地接通这些磁感线圈绕组，从而产生一个旋转的磁场（从电动机的一侧看过去）。这种电动机一般不会有启动问题。

某些类型的电动机存在着另一种启动问题：启动时如果一下子加满电压，电动机就可能开始剧烈震颤并晃动起来。这在有轨电车和电梯中是绝对不可接受的，因为载人用具经不起剧烈的晃动。为了解决这个问题，这些类型的电动机一般需要内置额外的限流电路，用来限制电动机在启动时转子的电流和磁场大小，并可以在启动后自动断开。

保持稳定

在许多应用中，电动机以稳定的速度转动是至关重要的，其中就包括应用在录音和回放设备中的电动机——无论旧时的唱片机和留声机，还是现代的CD和DVD光盘驱动器，以及应用在钟表和手表中的微型电动机。电力公司提供的交流电本身就是电动机理想的“周期起搏器”，因为市电通常以恒定的频率（在美国为每秒60次，即频率是60赫兹）输送给千家万户。如果给电动机的定子供电的是这样的市电，那么它会产生一个每秒旋转60次的磁场。如果转子拥有永磁体或由固定强度的直流电供电的电磁铁，那么转子将以同样的速度跟随旋转磁场转动，这样的电动机就被称为“同步电动机”。

手表和其他便携式设备中的电动机需要动力强劲且外形紧凑。当手机处于静音状态时，一个微型电动机会使手机震动。微型电动机上有一个偏心轮，其一边比另一边稍大，所以会在旋转时震动起来（有点像一台负载不均匀的洗衣机）。（译者注：现代手机很多已弃用这种偏心轮转子电动机，而改用线形电动机以实现更为细腻多变的震动手感。）

电钻（上图）通常有一个“通用”电动机，可以由交流电或直流电驱动，并有两档速度选择。根据所读取的轨道不同，DVD播放机（下图）驱动单元的转速一般控制在每分钟200～500转。

机器发电

尽管人们开始越来越多地使用新型可再生能源，但化石燃料仍被用于发电。发电站使用体型庞大的机器，每天消耗大量的燃料，以满足世界范围内不断扩张的工业对于能源与日俱增的需求。

发电站里的汽轮机（蒸汽涡轮机）靠蒸汽驱动旋转来发电。蒸汽是通过加热并煮沸在封闭循环管道系统中的纯水产生的。不同的发电站加热纯水时采用的热量来源不同，有的烧煤，有的烧油或者气（天然气），还有的使用核反应堆的热量。少数发电站使用可再生能源，如太阳能、海浪能或地热能。传统发电站或核电站使用的蒸汽需要被加热到约550℃甚至更高温度，然后被导入汽轮机中。汽轮机由转子和许多装有叶片的转动叶轮组成，这些转动叶轮与被称为“定子”的静止叶轮相互交替。蒸汽的压力驱动汽轮机的转动叶轮旋转，并带动主轴旋转。经过叶轮后的蒸汽温度和压力下降，随后被引导通过汽轮机的低压室，再次发挥余热驱动叶轮，以获得尽可能高的能量利用率。仅有最后一点点余热的蒸汽会在冷却管道循环时被降温冷凝，这些冷却管道使用外部水源的水，如河流、湖泊里的水。

科学词汇

变压器： 提升或降低交流电电压的装置。

涡轮机： 一种通过使装有叶片的叶轮转动，将流过流体的能量转换成机械能的做功装置。

电压： 又称“电动势”（EMF），是电场中两点之间电荷的电位差，用伏特（V）表示。两点的电压越高，在两点间移动电荷所需的力就越大。

循环往复

冷凝后的水被管道导回去再次加热，而冷却管道内的水也被导回其源头（河流、湖泊），但在导回时必须仔细监测水质，以确保其对自然环境产生的影响尽可能小。温度稍高的暖水会促进藻类的生长，导致水中鱼类赖以生存的溶解氧被消耗。我们经常可以看到多余的蒸汽从发电站高高的

汽轮机被用来发电，其主要的能量来源是煤炭、石油和核能。

冷却塔上排出，这也是大多数发电站的一个明显特点。

汽轮机长长的主轴从汽轮机内部延伸出来，与另一头的发电机主轴相连。这根主轴的转速可以达到每分钟3600转（在美国）。发电机中有一个强大的磁场，由流过被称为“磁场绕组”的线圈的独立电流产生。一种叫作“电枢”的复杂结构带着线圈一起在磁场绕组的磁场中旋转，产生高达25000伏特的电动势（电压）。

因为主轴的转速达每分钟3600转，而电流的频率是60赫兹（每秒反转60次），这就意味着在1/120秒（约0.0083秒）内，朝着一个方向流动的电子的数目会增加到最大值，然后减少到零；随后在接下来的1/120秒内，朝着另一个方向流动的电子的数目会增加到最大值，然后再次减少到零。这是交流电（AC）。

升高电压

发电机以大约25000伏特的电压持续输出电力，这些电力被送到变压器中，变压器将电压提升至几十万伏特。高压对于远距离输电是非常必要的，因为电缆的电阻会使远距离输电过程中产生非常多的热量损耗，而用一个非常高的电压驱动一个非常小的电流就可以大幅减少热量损耗。这些高压输电线路从发电站向各个方向呈扇形延伸，覆盖发电站所服务的周边城镇。

高压输电线是极其危险的，这些输电线必须被安装在离地很远的高塔（高压线铁塔）上，并且在越过高速公路上方时需要额外的支撑。高压输电线与高压线铁塔之间一般使用陶瓷绝缘子绝缘。在一些地方，高压输电线也可以深埋在地下的管道中。

降低电压

在有工厂或其他工业的工业区附近，高压输电线通向一个无人值守的变电站。在这里，变电站中的变压器将高压输电线中的高压降低到各种不同的电压标准，以满足不同用户的需要。变电站是自动运行的，因为变电站内的高压极其危险，所以变电站周围均设有安全围栏，以防止任何未经授权的人员在变电站周围徘徊。在北美和太平洋地区，供家庭和办公室使用的民用市电的电压一般需要降至100 ~ 130伏特，在其他国家

发电站

发电站将燃料中储存的能量转化为蒸汽，汽轮机和发电机利用蒸汽产生数万伏特的高压电流。这些燃料燃烧产生的能量很大一部分都不可避免地以废热的形式损失掉了。变压器升高电压以便远距离输电，而变电站则降低电压以供工业用电使用，并进一步降低电压以供家庭和办公室使用。

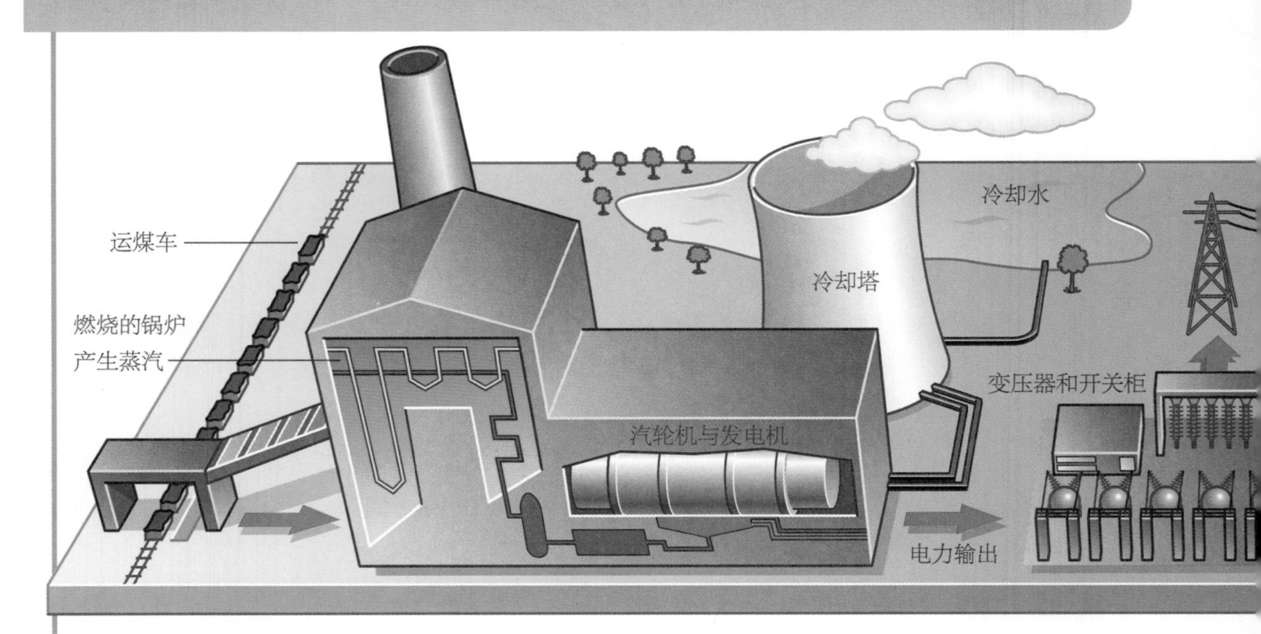

科学词汇

交流电（AC）：先向一个方向流动，然后向另一个方向流动的电流，每秒反转方向很多次。交流电用于家庭用电和许多其他电气设备用电。

直流电（DC）：虽然强度不同，但始终朝一个方向流动的电流。

绝缘体：不善于传导电流的物质，又被称为“电介质”，如橡胶、塑料、木材等。

变电站内或高压输电线上的变压器（左图）降低供电电压以供家庭使用。

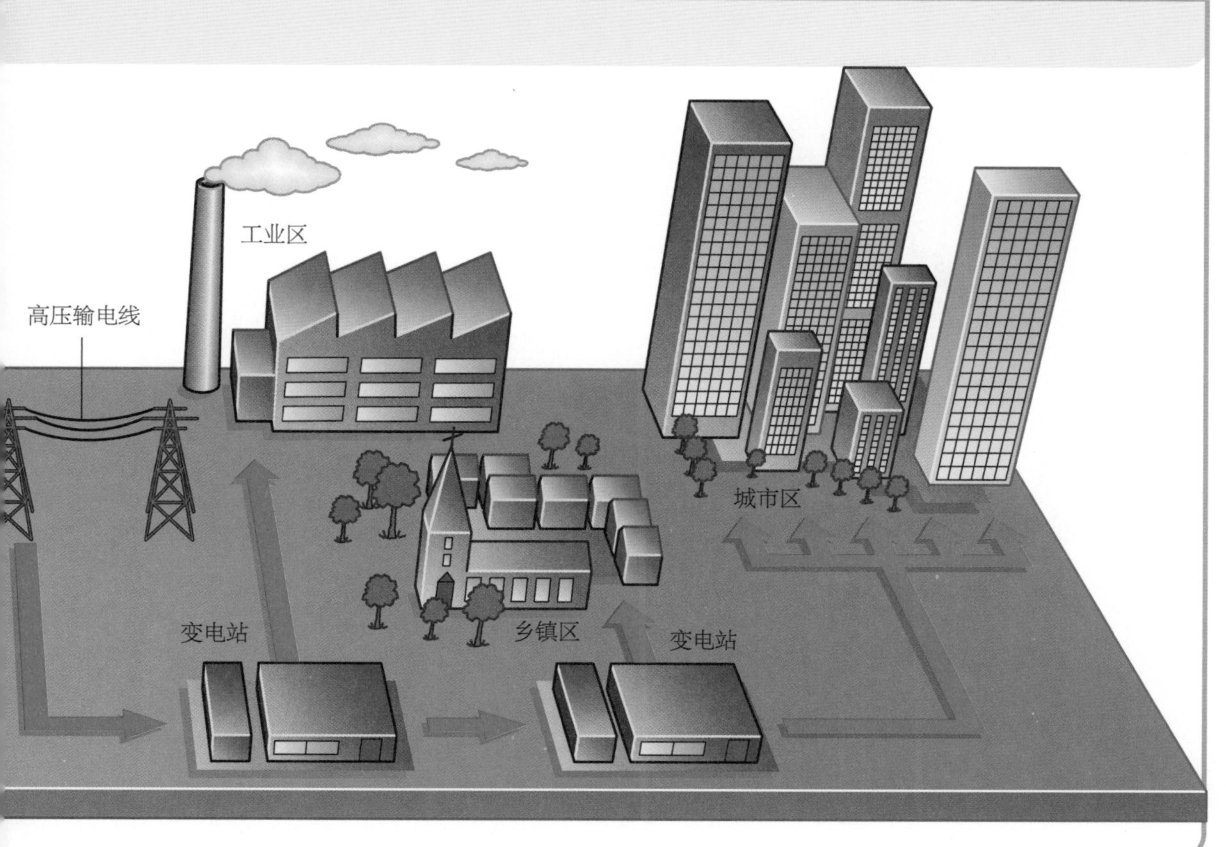

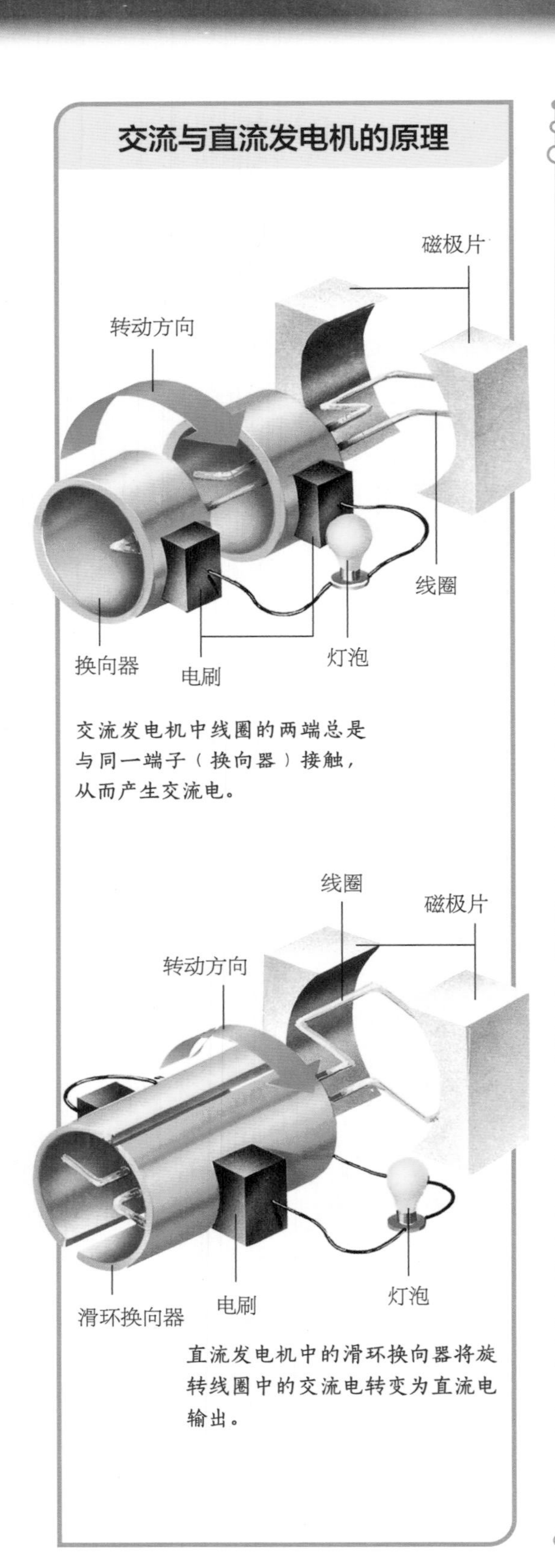

则一般降至220～240伏特。

简化的发电机

当线圈在磁场中转动时，线圈中的电流就会自然成为交流电。可以想象一下在单匝线圈的一侧会发生什么：其内的电流在线圈转动时会不断地反转电流方向，因为线圈的一侧会以一个方向穿过磁场转动半圈，然后以另一个方向穿过方向反转后的磁场再转动半圈。用两个分别连接线圈两端的换向器便可以从线圈中输出交流电（见左上方图）。

有时候输出直流电更加便利。在这种情况下，直流输电电缆与直流发电机的连接要复杂得多。旋转线圈的两个端子是一个分裂成两半的圆环，也被称为“滑环换向器”，它们交替地与外部输电电路的两个端子（电刷）接触（见左下方图）。当旋转线圈中的电压发生反转时，滑环换向器与两个电刷的接触也会反转，从而使电压反转回来。于是，外部输电电路中的电流始终是方向不变的直流电，但其强度会在线圈旋转时

上图为乌克兰南部一座压水反应堆发电站（PWR）。压水反应堆利用核裂变原理工作。

发生变化。

实用发电机

实用发电机要复杂得多，通常有一组旋转的线圈绕组，电流只从那个处于峰值电压的线圈绕组中导出。发电机内的磁场由电磁铁提供，即由在特殊的磁场线圈中流动的电流产生。

核能

核裂变或核聚变释放的能量也能产生电能。核反应堆的设计多种多样，主要区别在于使用的冷却剂。核电站的工程设计师所面临的最大挑战之一就是反应堆的放射性，

核能发电

与燃煤或燃油的发电站一样，核电站也利用热量来产生蒸汽，从而驱动汽轮机转动，并带动发电机发电。

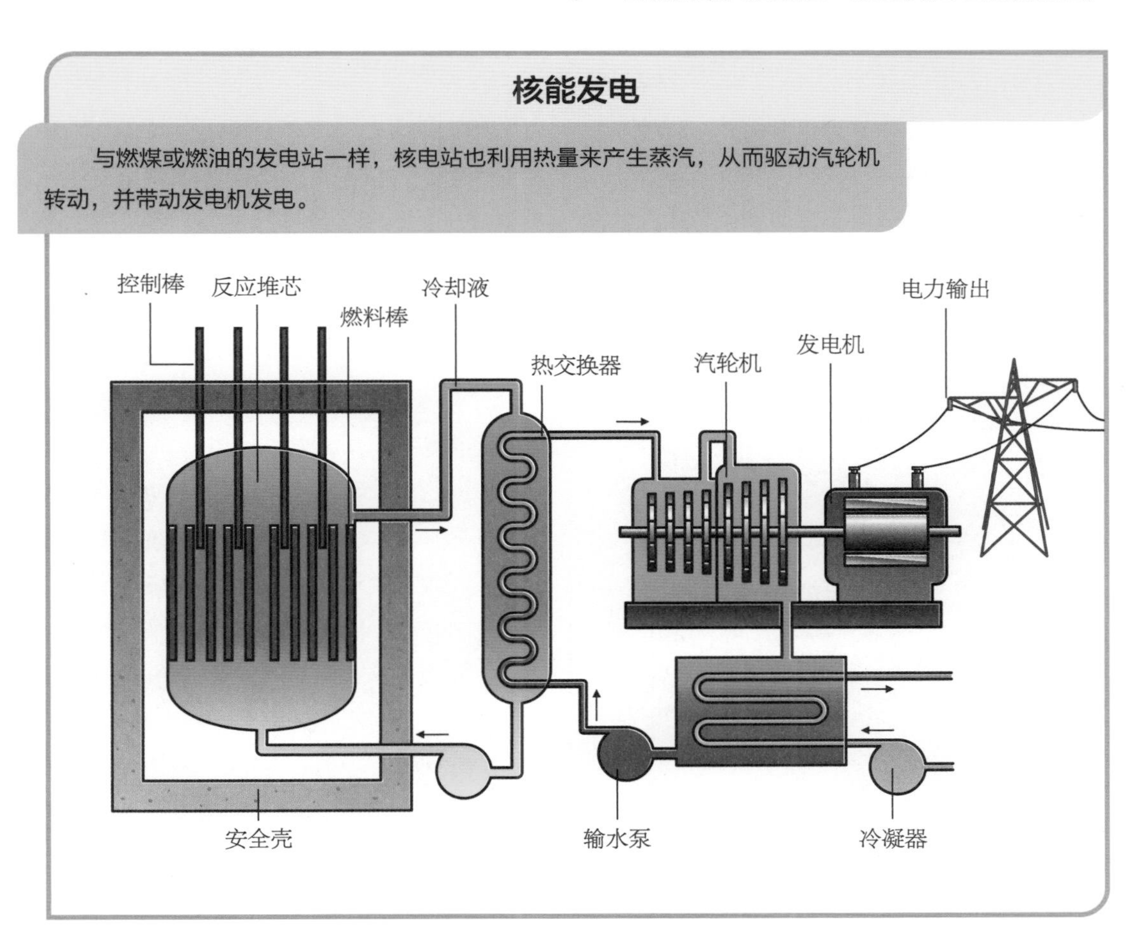

裂变过程产生的中子能轻易穿透大多数厚层材料。为了使这些中子不泄露到反应堆外，反应堆的周围需要建设一道防护屏障，叫作“生物屏障”。尽管如此，流经反应堆内部并带有反应堆热量的冷却液（第一回路）却不可避免地具有强烈的放射性。

沸水堆（BWR）是一种压水反应堆，冷却剂是普通的水。水在反应堆中沸腾，产生的蒸汽直接驱动汽轮机转动。在其他类型的反应堆中，冷却剂在一个封闭回路（第一回路）中流动，与外界没有直接接触。第一回路中的水被输送至第二回路，与其中的水接触并发生热量交换，使第二回路中的水被加热至沸腾。沸腾的水产生蒸汽，驱动汽轮机的叶轮转动，最终带动发电机发电。

在流过汽轮机之后，蒸汽仍然很热，压力仍然很高。它需要被冷凝成水，再次被送回循环中，再次被加热至沸腾并流过汽轮机。蒸汽一般通过外部水源的冷却水管来冷却，比如利用从附近的河流湖泊中引入的冷水冷却。

科学词汇

核裂变： 重原子核分裂成大致相等的两部分并伴随能量释放的过程。

核聚变： 两个轻原子核结合在一起，形成一个更大、更重的原子核，并释放出能量的过程。

中子： 一种电中性（不带电）的基本粒子，其质量与质子大致相同。脱离了原子核的稳定环境，（自由）中子会衰变为一个质子、一个电子和一个反中微子（中微子的反粒子）——其平均寿命大约只有15分钟。

反应堆： 一种通过核裂变或核聚变产生能量的装置。

风力发电机收集风的动能并将其转化为电能。风使巨大的风力发电机的叶片旋转，带动发电机发电。风电场可以建在陆地上，也可以建在大海上。

气候改变一切

如今，气候变化正在以前所未有的规模对地球造成巨大影响——温室气体（GHG）排放水平不断上升导致全球变暖，全球气候模式的突变导致各地洪水和干旱频发，以及海平面上升。用可再生能源替代数量有限、不可再生的化石燃料是减缓气候变化的方法之一。清洁且无限的太阳能、风能、潮汐能和地热能都是理想的替代品。

如今，风力发电机在欧洲和北美随处可见。电力由风力发电机自身叶片的转动带动发电机产生。美国风力发电机的数量在过去10年内增长了两倍，风能现在是美国最大的可再生清洁能源来源。

海上风电场比陆基风电场发的电更多，

这是因为海上的风速比陆地上的风速更快。海风以每小时24千米的速度吹动海上的风力发电机，其产生的能量几乎是陆风以每小时19千米的速度吹动陆基风力发电机时产生能量的两倍。这些风电场产生的电力给大众提供了清洁的可再生能源，并且对环境没有任何污染。

太阳能也是清洁的电力来源，大型反射镜可以把阳光反射聚焦到锅炉上从而产生蒸汽，蒸汽再以常见的方式驱动汽轮机转动。美国西南部莫哈韦沙漠中的大型反射镜，使用几千面镜子将阳光反射聚焦到一个盛有熔融盐的容器上，高温熔化的盐储存的热量可以用来加热水，产生高压蒸汽。

太阳能电池板是另一种将太阳能转化为电能的方法。太阳能电池板上涂有一层光电或光伏材料，能在太阳光的照射下，直接产生光电流（光电材料）或光电压（光伏材料）。太阳能电池板通常由硅等半导体材料制成。光电材料被广泛应用于太阳能功能设备（如太阳能计算器等）上。太阳能电池板更广泛的应用是被安装在房子屋顶上用来给家庭供电。在美国和英国，占地面积巨大的太阳能发电场可以大规模地生产清洁、绿色的电力，这些电力最终被汇入国家电网。

这座位于西班牙偏远地区的太阳能发电场，其发电量为50兆瓦，足以为大约2.5万户家庭提供电力。它使用光伏太阳能电池板来产生电能。

在美国的一些州，电力供应是可以由私人电力公司运营的。越多的消费者选择某一家电力公司，这家电力公司就会相应地生产越多的电力。对消费者来说，区别只在于不同电力公司收取的不同价格，以及采取的不同发电方式。一些电力公司用水力、风能或太阳能等可再生能源提供清洁无污染的“绿色”电力，消费者则可以通过从这些公司购买电力来表达他们对这些清洁能源的喜好。

电动交通工具

在大多数现代城市中，由内燃机驱动的机动车是造成拥堵、噪声和空气污染的罪魁祸首。如今，以清洁、安静的电力为动力的电动交通工具正在彻底改变人们对交通工具和环境的看法。

现今世界上大约95%的汽车仍然由汽油或柴油驱动。然而，随着全球变暖和环境污染日益严重，全球主要汽车制造公司的工程师们开始研发不需要燃烧化石燃料就能运输人员和货物的车辆。人们可以在市场上购买到使用电池的经济实用的电动汽车。早期的电动汽车装备有非常大的电池，并且电量很快就会耗尽。如今，体积更紧凑、储能更多的电池已经从实验室走向了市场，电动汽车也因此能够在性能上与燃油车相媲美，并且大多数城市乡镇建有充电站，许多电动汽车的续航里程已经可以达到600千米。除了电池，能量也可以被储存在“超级电容器”中，“超级电容器”是一种能储存大量电能的设备，它可以与电池一起组成“电池电容混合动力系统”。一些混合动力系统将能量储存装置与燃油发动机结合起来，比普通单独的内燃机更加清洁、经济、实用。

为了缓解交通拥堵，世界上许多城市在投资建设轻轨交通系统，轻轨列车由列车上方的架空电缆供电。图中所示是2008年在美国亚利桑那州菲尼克斯开始运营的轻轨系统。

科学词汇

电池：可以输出或储存电力的装置。

燃料电池：一种将燃料（如氢气）直接转化为电能的电池。

磁悬浮：一种通过相互排斥的磁场使列车等悬浮在其运行轨道上方几毫米的位置以减小摩擦力的技术。

超导：零电阻导电的性质。有些金属在冷却到接近绝对零度（–273.15℃）时会表现出这种性质。能够在更高温度（虽然还远没有达到0℃）下超导的新型复合材料已经被人们研发出来了。

再生制动

电力交通工具的一个显著特点就是刹车过程中浪费的部分能量可以被转化为电能重新储存起来以便重复利用。与传统的制动刹车不同，附着在电力交通工具车轮上的制

动磁铁，在使车辆减速的同时可以在电路中产生感应电流，为电池充电，或者以其他方式储存这部分电能，我们称之为“动力回收”。这部分回收的能量随后可以再次被用于驱动车辆前进。

电动有轨电车

今天，世界上有许多交通工具使用电能，这些电能并非来自交通工具自身配备的电源，而是使用外部的公共电源，如车轮下的轨道和车顶的架空电缆。20世纪早期，由架空电缆供电的有轨电车在许多城市颇受欢迎。如今，有轨电车正迎来一轮复兴潮，虽然它们无法像燃油公交车那样自由行驶，但其运营成本更低且环境污染更少。

电动火车

如今，电力驱动交通工具的主要应用是在铁路上。尽管世界上第一辆地铁是靠蒸汽驱动的，但电力一出现就被地铁系统采用了，因为蒸汽和烟雾在地铁隧道内让人非常不舒服，而且很危险。如今，在城市中兴建的轻轨系统和快速交通系统，大多以电力作为动力源。电力也是整个欧洲长途火车的首选动力源。然而，即使是柴油动力火车，也可以被称为柴油电动火车，因为大多数柴油动力火车使用柴油发动机来产生驱动车轮转动的电力。

1981年，法国建立了一个名为TGV（法语Train à Grande Vitesse的缩写，意为列车）的全国性高速电动火车运行服务网络。每列TGV列车的首尾两头均有一节动力车厢，其中一节动力车厢通过列车上方的受电弓从架空电缆上获得电力，不同的受电弓分别用于低压和高压供电。从受电弓获得的部分电力通过电缆传输到另一头的动力车厢，装在车厢内部的每台电动机可以输出1100千瓦的强大功率。TGV V150列车至今仍保持着全世界所有铁路系统中最高的行驶速度纪录，其运行速度可达每小时575千米。

磁悬浮列车

如果将列车与轨道完全分离，那么列车就可以以更快的速度行驶。这可以通过在列车上和列车轨道上放置强大的磁体来实现，这就是磁悬浮。磁悬浮列车可以通过车厢与轨道上磁体的斥力悬浮在轨道上方；当然也可以通过磁体彼此间的吸引力支撑——利用装在列车两侧转向架上的磁体与铺设在轨道上的磁体之间的吸引力悬浮起来。德国发明了磁悬浮系统，且曾在磁悬浮技术方面处于世界领先地位。后来，德国的磁悬浮技术出口到了中国。磁悬浮列车相对而言是经济的，因为在列车和轨道之间几乎没有任何阻力。此外，如果使用低温超导磁体，那么超导磁体的零电阻特性使列车只需要很少的能量就可以维持磁场强度和悬浮高度。这种超导磁悬浮列车是人类利用磁力最为先进的技术方式，并可满足世界对于未来交通运输

下图为高架轨道上的磁悬浮列车。中国首条商用磁悬浮线路于2002年投入运营，连接上海市区与浦东国际机场，其运行速度可达每小时430千米。

的需求。

太阳能汽车

世界各地的科学家和工程师都在挖掘光电池的应用潜力，这些光电池已经在各种航天器中崭露头角——仅仅依靠阳光就能为太空中的航天器提供长达数年的电力。在太空中，阳光不受地球大气层的干扰，因而太阳能的利用效率会更高。仅仅依靠太阳能运行的试验车辆已经问世，其中许多太阳能汽车参加了两年一度的、横跨澳大利亚的世界太阳能挑战赛。冠军车辆甚至达到了每小时88千米的速度——当然这是在特别有利的条件下达到的：阳光充足，并且低矮流线型的车辆全身覆盖了太阳能电池板。

动力方面的另一项重要创新是燃料电池。燃料电池也通过化学反应发电，但其化学反应物质是由外部持续供应的。燃料电池可以使用多种燃料，包括氢气、甲烷和一氧

磁悬浮动力

列车车厢底部强大的超导磁体通过与轨道上方和轨道两侧的互斥磁体相互作用，使列车悬浮在轨道的正上方。

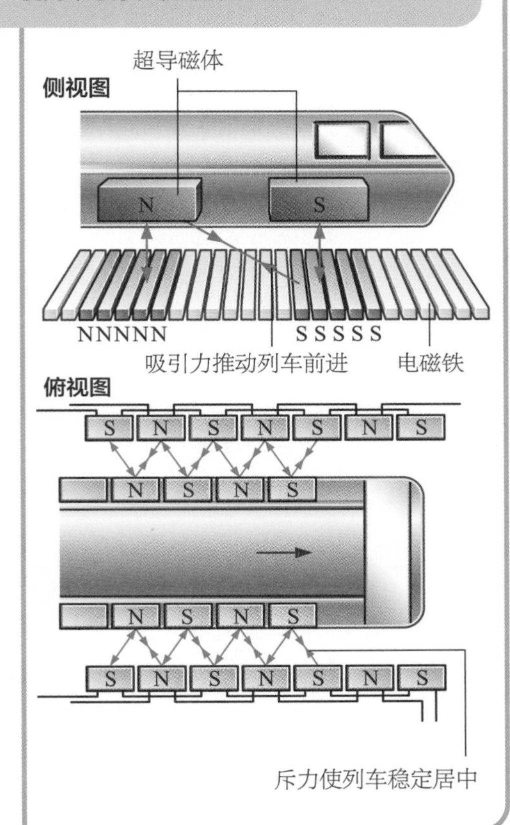

化碳这些可以和空气（氧气）发生反应的物质。燃料电池产生的唯一废物就是水，因此非常清洁环保。

电动汽车的发展

电动汽车的概念并不新，欧美的发明家早在19世纪初就开始发展电动汽车的概念。世界上第一辆研制成功的电动汽车诞生于1890年的美国，其车速仅能达到每小时22.5千米。大约在1898年，斐迪南·保时捷

（Ferdinand Porsche，1875—1951）发明了一种由汽油发动机和电力驱动的电动汽车。然而，到了20世纪20年代，内燃机的改进与廉价汽油的出现，导致美国彻底放弃了电动汽车的发展。

20世纪70年代，美国天然气短缺使得人们重新燃起了对电动汽车的兴趣。但是，仅每小时72.5千米的最高时速和最远64千米的续航里程极大地限制了电动汽车对公众和商用的吸引力。

环境变化

随着人们越来越关注汽车尾气排放对环境造成的负面影响，电动汽车在21世纪上半叶开始得到广泛的重视。20世纪90年代末，世界上第一辆混合动力电动汽车在日本问世。如今，插电式汽车（PEV）、混合动力汽车（HEV）和插电混合动力汽车（PHEV）已经在世界范围内得到广泛使用。插电式汽车是一种可以插入外部电源进行充电的汽车，其电能储存在可充电电池包中。混合动力汽车是一种结合了传统能源

（如化石燃料）和某种形式的电能驱动的汽车。而插电混合动力汽车则是一种结合了外部电源充电和电能驱动装置的车辆。仅在美国，每天就有超过23.5万辆插电式汽车和

电动汽车

电动汽车将能量储存在电池包中。电能驱动电动机，电动机将电能转换为机械能，驱动车轮转动。所有的汽车都有刹车，电动汽车则有再生制动系统（又称“动力回收系统”），制动时，该系统将汽车的动能重新转化为电能储存在汽车的可充电电池包中。

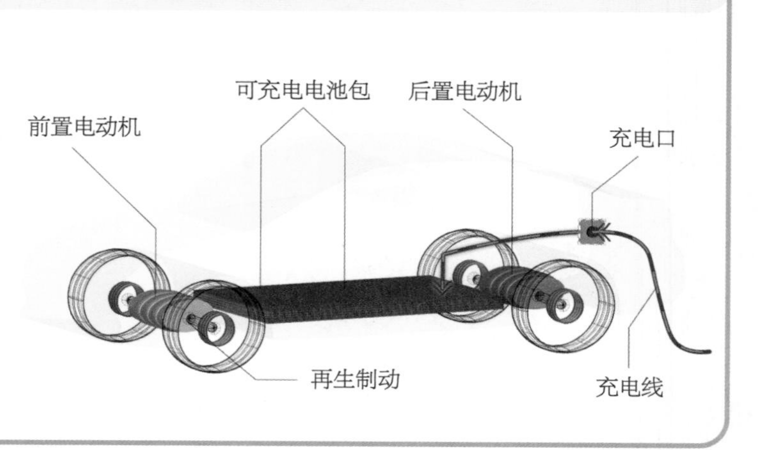

路边的充电站是全世界各个城市街道上常见的景象。这些充电站的电力来自可再生能源，如太阳能和风能。

科学词汇

n 型半导体：一种半导体材料，其电流主要由运动的电子构成。

p 型半导体：一种半导体材料，其电流主要由移动的空穴构成。

光电池：利用光或其他电磁辐射来产生电流或电压的装置，光电池也用在摄影曝光计和防盗报警器中。

330 万辆混合动力汽车在路上行驶。路上随处可见的由太阳能供电的快速充电站极大地缩短了这些电动汽车的充电时间。

太阳能供电

这辆太阳能汽车（俯视图）的上表面覆盖着光电池，在澳大利亚沙漠亮眼的阳光下以每小时 50 千米的平均速度行驶。这辆汽车参加了从澳大利亚北部达尔文到南部阿德莱德的世界太阳能挑战赛。

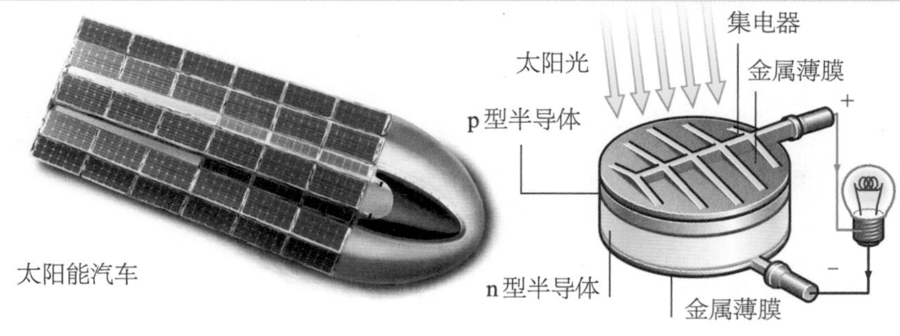

每个太阳能电池都由两种夹在两片金属薄膜之间的不同半导体层组成，分别被称为“p 型半导体”和“n 型半导体”。

电池

电动汽车和混合动力汽车由电池提供动力。电池的发展始于1800年左右。得益于电池的不断发展，使用清洁、可再生能源才成为可能。

电池是把化学能转化为电能的一种装置，常用的电池主要有原电池（也称一次电池）、蓄电池（也称二次电池或可充电电池）和燃料电池。原电池中所含的化学物质会被逐渐消耗殆尽，当化学物质被全部消耗完时，原电池就不能再输出电流了。

蓄电池与原电池类似，但是，当其内部的化学物质被耗尽后，它还可以重新充电。充电时的电流通过蓄电池的电解质使化学物质再生，这样蓄电池便可以再次放电使用。

大约在1800年，意大利物理学家亚历山德罗・伏打（Alessandro Volta，1745—1827）发明了世界上第一块电池。它由圆形铜片和圆形锌片交替堆叠组成，每片之间由浸在盐溶液中的布、皮革或纸片隔开。一根导线连接在最上面的圆形铜片上，另一根导线则连接在最下面的圆形锌片上。由于这种电池由一堆圆片组成，因此它也被称为“伏打电堆”。

伏打电堆靠电化学原理工作，铜失去电子变成铜离子，而失去的电子转移到铜片和锌片之间的盐溶液中。与此同时，锌在盐溶液中溶解并释放出氢气。如果把伏打电堆用导线连接在电路中，那么电流将从作为正极的铜片流过电路到达作为负极的锌片，铜片和锌片就是这个伏打电堆的电极。

电池发展的下一个重要阶段是将铜板（正极）和锌板（负极）浸入稀硫酸溶液中制成简单电池。当用导线连接铜板和锌板时，电流就会从铜板流向锌板（电子则从锌板流向铜板）。硫酸阴离子在酸性的电解质

科学词汇

负极：带负电荷的电极，电池电解质中的电子由电解质进入负极。

正极：带正电荷的电极，电子由正极进入电池电解质中。

电解：用通电的两个电极使电解质溶液或熔融态物质分解的过程。

极化：电池的某个电极上出现气泡，阻碍电池继续放电的过程。

大约在1800年，亚历山德罗·伏打发明了伏打电堆，他因此成为国际知名人士。上图是伏打向法国皇帝拿破仑展示其伏打电堆。

中移动到达锌板，锌板上的锌会溶解形成锌离子。与此同时，氢离子到达铜板，并在那里结合产生氢气气泡。一旦氢气气泡覆盖在铜板上，电池的放电过程就会减慢并最终停止。这种发生在电池电极上的气泡阻隔放电现象，就被称为“电池的极化”。

实用电池

首个试图解决电池极化问题的人是英国物理学家约翰·丹尼尔。他发明了一种丹

亚历山德罗·伏打

伏打的全名是亚历山德罗·朱塞佩·安东尼奥·阿纳斯塔西奥·伏打伯爵。1745年，他出生于意大利北部小镇科莫。他们家族内几乎所有的男性都成了牧师，与这些亲戚不同，伏打决定研究电学。1774年，他发明了起电盘——一种可以产生和存储静电荷的装置。但他最著名的发明还是伏打电堆——世界上第一块能输出稳定电流的电池。它是由一堆交替堆叠的铜片和锌片及夹在其中、浸泡了盐溶液的布片组成的。伏打于1827年去世，几年后，电势差（电压）的单位被命名为“伏特”（Volt），以纪念他的杰出成就。

第一块电池

世界上第一块电池是由意大利科学家亚历山德罗·伏打用一堆金属圆片堆叠成的，因此被称为“伏打电堆”。伏打电堆由交替堆叠的铜片和锌片及夹在其中、浸泡了盐溶液的布片组成。

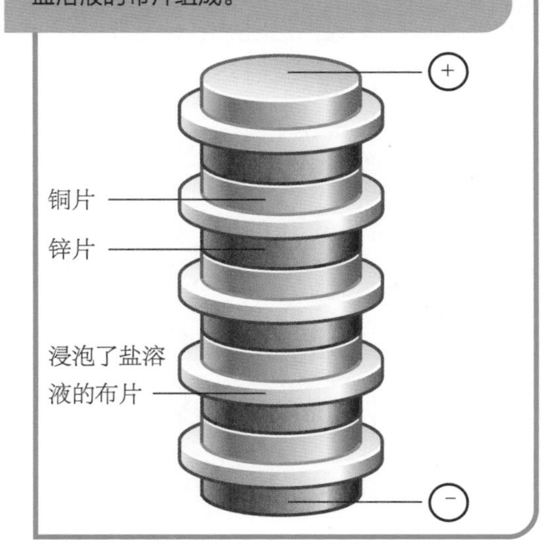

尼尔电池，其铜电极（正极）采用了一个铜圆柱形容器，而锌电极（负极）则是浸在盛有稀硫酸的多孔陶罐内的锌棒，多孔陶罐位于铜圆柱形容器内，两者之间装的是硫酸铜溶液。

当用导线连接两个电极时，氢离子就会进入铜圆柱形容器的内部。由于硫酸铜溶液的存在，此时不会释放氢气，反而是金属铜沉积在容器壁上，从而避免了电池的极化。硫酸铜溶液在这种丹尼尔电池中起到了去极化剂的作用，在锌电极处则会像在普通电池中一样形成硫酸锌。一个丹尼尔电池大约可以产生1.1伏特的电压。

勒克朗谢电池

法国科学家乔治·勒克朗谢（Georges Leclanché，1839—1882）于1865年发明了一种新电池，该电池使用了另一种不同的去极化剂。在勒克朗谢电池中，锌负极浸在一个盛有氯化铵溶液的容器中，其正极是一个被二氧化锰去极化剂包围的碳棒。为了达到更好的导电率，二氧化锰中掺杂了碳粉并充分混合。在放电过程中，正极仍然产生氢气，但二氧化锰可以将产生的氢气迅速转化为水。一个勒克朗谢电池大约可以产生1.5伏特的电压。想要获得更高的电压，便可以将几个电池串联为一组，即形成电池组——这就是原电池后来被简称为“电池”的原因。

干电池

手电筒中使用的干电池是一种以糊状氯化铵作为电解质的勒克朗谢电池。

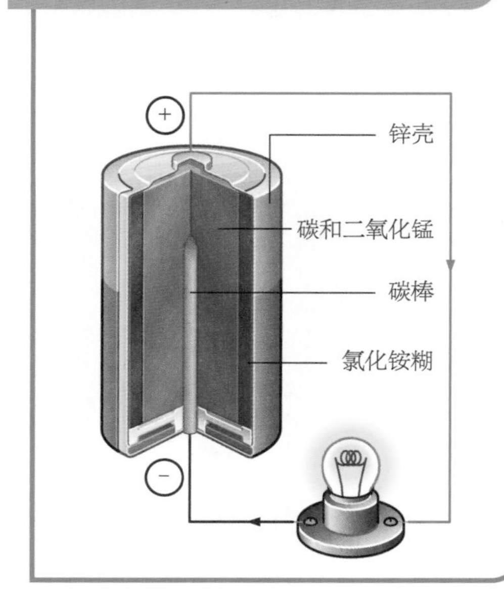

下图为废的铅酸汽车电池，其内部几乎所有的铅都可以回收再利用。为了鼓励回收，美国许多州对新电池收取押金，用户用完后需要返还电池。

丹尼尔电池

丹尼尔电池是由约翰·丹尼尔发明的。该电池的负极是金属锌，正极是金属铜，并有两种不同的电解质——正极铜浸在硫酸铜溶液中，负极锌浸在硫酸中。这两种不同的电解质溶液中间用多孔隔板隔开。负极中的锌原子被氧化，失去两个电子，形成二价锌离子（Zn^{2+}）并溶解于硫酸中，硫酸铜中正极上的二价铜离子（Cu^{2+}）被还原，得到两个电子，形成铜原子并沉积到铜正极上。在负极释放的电子沿着外部导线到达正极，产生约 1.1 伏特的电压。

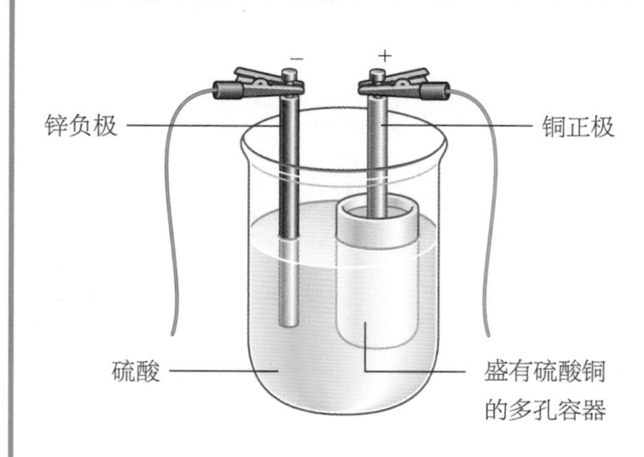

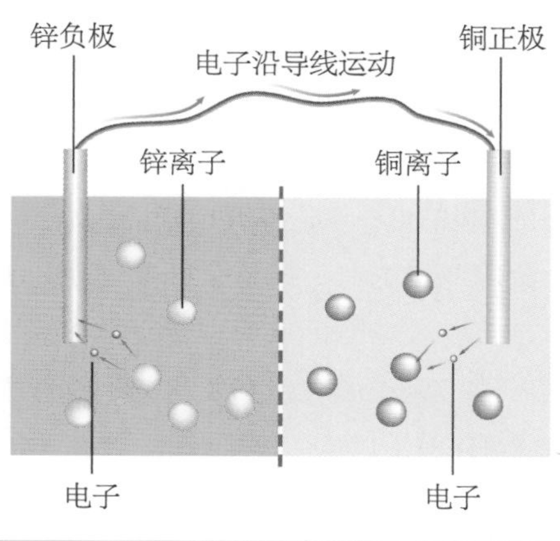

去掉水分

到目前为止，本书所介绍的电池都是湿电池——以各种溶液作为电解质的电池，然而，湿电池不便于携带。这个问题后来由不含液体的干电池解决了。干电池是一种勒克朗谢电池，其电解质是氯化铵糊状胶质，电池的外壳是锌负极，电池中心由二氧化锰和碳粉混合物包裹的一根碳棒构成了正极。这种干电池一般用于手电筒和便携式收音机中。除此之外，也有许多其他类型的干电池，包括氧化汞电池，通常用于许多电子手表中，其电压一般约为 1.35 伏特。用氯化锌代替氯化铵作电解质的勒克朗谢电池在低温环境下工作得更好。镍镉电池则与勒克朗谢电池不同，它可以在电量耗尽后通过外部电源进行充电。因此，镍镉电池是一种蓄电池。

蓄电池

最常见的蓄电池就是汽车蓄电池，它是汽车电力的基本来源。汽车蓄电池的负极通常由铅制成，正极则由覆盖了一层氧化铅的铅制成，其电解质是硫酸，所以也被称为“铅酸电池”。这种蓄电池放电时，硫酸根离子与负极铅发生反应，产生硫酸铅并释放电子。在正极，硫酸中游离的氢离子、硫酸根离子与氧化铅反应，生成硫酸铅和水——正极的这一反应需要电子注入。当需要给蓄电池充电时，电流从外部电源以相反的方向流过电池，从而逆转正负电极上的反应，并重新形成铅和氧化铅，这样蓄电池就可以再次放电使用了。

汽车上的蓄电池主要用来启动电启动器（给汽车点火）。一旦汽车发动机转动起来，交流发电机就会产生电流给蓄电池充电。铅酸电池能产生约2伏特的电压，一辆汽车一般使用由6个铅酸电池串联组成的电池组，总电压为12伏特。

除此之外，还有几种其他类型的蓄电池。一种是镍铁蓄电池，由托马斯·阿尔瓦·爱迪生（Thomas Alva Edison，1847—1931）发明，也被称为“NIFE电池”（以镍和铁的元素符号Ni和Fe命名），其电解质是氢氧化钾。

汽车蓄电池的工作原理

普通蓄电池（铅酸电池）的正负电极分别为氧化铅和铅，其电解质为硫酸，它可以产生约2伏特的电压。汽车蓄电池一般有6个铅酸电池串联组成电池组，总电压为12伏特。当蓄电池电量耗尽时，将其连接到外部电源上即可为其充电。

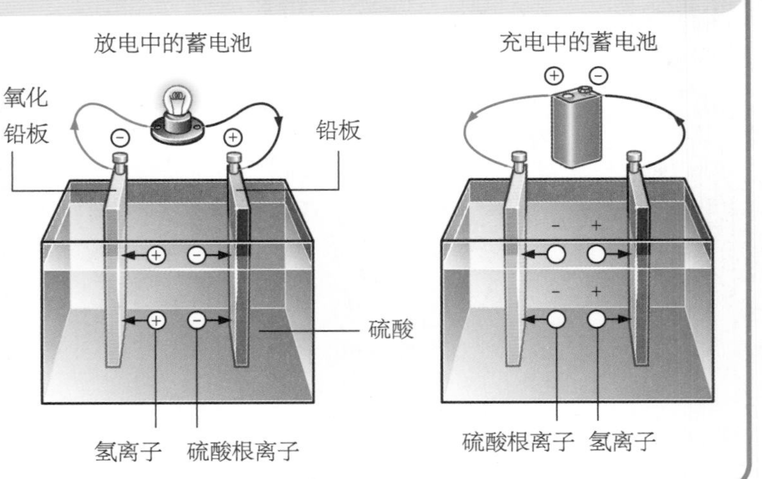

某些汽车的燃料电池中含有铂催化剂，可以催化氢和氧的反应并产生能量。

燃料电池

燃料电池是一种可以将燃料直接转化为电能的电池。比如，氢燃料电池使用氢气作为燃料，同时也需要氧气供应，其电解质是氢氧化钾溶液。氢气与羟基负离子反应生成水，并输出电子。氧气则与水反应产生新的羟基负离子。两极的总反应是氢和氧结合生成水并产生电能。

氢燃料电池可以代替内燃机为电动汽车提供动力，而且这种氢燃料电池动力汽车只排放水蒸气而不产生任何有毒废气。下一代电动汽车将利用氢气自行发电，且温室气体排放量为零。许多科学家认为氢是未来的燃料。

托马斯·阿尔瓦·爱迪生

爱迪生是他那个时代最伟大的发明家之一。到他1931年去世时，他拥有1300多项专利。爱迪生1847年出生在美国俄亥俄州的米兰镇，由于耳聋，他在学校的表现很不好，于是自幼便由母亲在家里教学。1854年，爱迪生一家搬到了密歇根州的休伦港。十几岁时，他便在火车上卖报纸，正是在那时，他对火车上经常使用的电报产生了浓厚的兴趣，并开始发明自己的电报机。后来，爱迪生在新泽西州的门洛帕克建立了一个实验室，并在那里发明了留声机和电灯泡。他是世界上第一个看到电力巨大潜力的人，并于1882年在纽约开设了世界上第一个发电厂。10年后，爱迪生将自己的多家公司合并，成立了通用电气公司（GE）。

科学词汇

电极： 承载电子流入或流出电池、电解质或真空管的金属板或碳棒。

电解质： 能够导电的液体，如在电池或电解过程中使用的导电液体。

原电池： 一种通过化学反应产生电能的电池，不可再充电。

蓄电池： 一种通过化学反应产生电能的电池，可以再充电并反复使用，也被称“二次电池”或“可充电电池”。

Books: General

Bloomfield, Louis A. *How Things Work: The Physics of Everyday Life*. Hoboken, NJ: Wiley, 2013.

Bloomfield, Louis A. *How Everything Works: Making Physics Out of the Ordinary*. Hoboken, NJ: Wiley, 2007.

Czerski, Helen. *A Dictionary of Physics*. New York, NY: W.W. Norton, 2018.

De Pree, Christopher. *Physics Made Simple*. New York, NY: Broadway Books, 2005.

Epstein, Lewis Carroll. *Thinking Physics: Understandable Practical Reality*. San Francisco, CA: Insight Press, 2009.

Glencoe McGraw-Hill. *Introduction to Physical Science*. Blacklick, OH: Glencoe/McGraw-Hill, 2007.

Heilbron, John L. *The History of Physics: A Very Short Introduction*. New York, NY: Oxford University Press, 2018.

Holzner, Steve. *Physics Essentials For Dummies*. Hoboken, NJ: For Dummies, 2010.

Lehrman, Robert L. *E-Z Physics*. Hauppauge, NY: Barron's Educational, 2009.

Lloyd, Sarah. *Physics: IGCSE Revision Guide*. New York, NY: Oxford University Press, 2015.

Muller, Richard A. *Physics for Future Presidents*. New York, NY: W.W. Norton, 2008.

Rennie, Richard, and Law, Jonathan. *A Dictionary of Physics*. New York, NY: Oxford University Press, 2019.

Taylor, Charles (ed). *The Kingfisher Science Encyclopedia*, Boston, MA: Kingfisher Books, 2006.

Walker, Jearl. *The Flying Circus of Physics*. Hoboken, NJ: Wiley, 2006.

Zitzewitz, Paul W. *Physics Principles and Problems*. Columbus, OH: McGraw-Hill, 2012.

Books: Magnetism

Blundell, Stephen. *Magnetism: A Very Short Introduction*. NY: Oxford University Press, 2012.

Cooper, Dr. Christopher. *The Basics of Magnetism (Core Concepts)*. New York, NY: Rosen Publishing, 2016.

Gardner, Robert. *Electricity and Magnetism Science Fair Projects*. Berkeley Heights, NJ: Enslow Publishers, 2010.

Jeffs, Eric. *Green Energy: Sustainable Electricity Supply with Low Environmental Impact*. Boca Raton, FL: CRC Press, 2009.

School Specialty Publishing. *Magnetism (The Science Search Lab)*. Greensboro, NC: School Specialty Publishing, 2005.